Responsive Mobile Design :
Designing for Every Device

响应式设计、改造与优化

[美] Phil Dutson 著

赵荣娇 马立铭 译

U0243955

电子工业出版社·

Publishing House of Electronics Industry

北京·BEIJING

内 容 简 介

由于移动设备的大量使用，各种屏幕尺寸、各种操作系统、各种访问设备及各种需求均对用户体验提出了新的挑战。为了让我们的网站在各个终端上的用户体验都尽可能接近完美，我们需要采用响应式移动设计。本书重点介绍了Phil Dutson的开发经验，主要是关于移动设备及其设计，甚至一点点代码就可以帮助你以最好的方式为数百万手机用户提供内容；同时，简单地介绍了一些主题，以解决常见的响应式移动设计中可能会遇到的问题。

版权贸易合同登记号　图字：01-2015-3285

图书在版编目（CIP）数据

响应式设计、改造与优化/（美）达特森（Dutson, P.）著；赵荣娇，马立铭译. —北京：电子工业出版社，2015.9
书名原文：Responsive Mobile Design: Designing for Every Device
ISBN 978-7-121-26512-9

Ⅰ.①响… Ⅱ.①达… ②赵… ③马… Ⅲ.①移动终端—应用程序—程序设计 Ⅳ.①TN929.53

中国版本图书馆CIP数据核字（2015）第147293号

策划编辑：张春雨
责任编辑：刘　舫
印　　刷：中国电影出版社印刷厂
装　　订：中国电影出版社印刷厂
出版发行：电子工业出版社
　　　　　北京市海淀区万寿路173信箱　　邮编：100036
开　　本：787×980　　1/16　　印张：15.5　　字数：285千字
版　　次：2015年9月第1版
印　　次：2015年9月第1次印刷
定　　价：89.00元

凡所购买电子工业出版社图书有缺损问题，请向购买书店调换。若书店售缺，请与本社发行部联系，联系及邮购电话：（010）88254888。
质量投诉请发邮件至zlts@phei.com.cn，盗版侵权举报请发邮件至dbqq@phei.com.cn。
服务热线：（010）88258888。

译者序

响应式设计的概念来源于 2010 年 5 月 Ethan Marcotte 发表的一篇名为 "Responsive Web Design" 的文章 [1]，其阐述了如何利用流式布局、媒体查询和弹性图片三种公知技术创建一个能够适配不同分辨率屏幕的网站。Ethan Marcotte 认为应当利用 Web 的特性来设计与开发网站："我们可以将不同联网设备上众多的体验，当作同一网站体验的不同侧面来对待，而不要为每种设备进行单独剪裁使得设计彼此断开，这才是我们前进的方向。虽然我们已经能够设计出最佳的视觉体验，但还要把基于标准的技术也嵌入到我们的设计中去，这样才能使得我们的设计不仅灵活，而且能适应渲染它们的各种媒介。"响应式设计能够面向不同设备收拢并提供卓越的用户体验，并且这一方法不会忽视设备间的差异性，也不会强调设计师的控制权，而是选择了顺其自然并拥抱 Web 的灵活性。

在移动互联的浪潮下，Luke Wroblewski 最早提出了移动优先的设计理念 [2]，而响应式设计之所以叫响应式"设计"而不叫响应式"技术"，就是因为它是一项设计先行的工作。面对移动互联网的蓬勃发展和用户习惯的悄然改变，从移动端开始进行响应式设计对习惯了 PC 环境的设计师来说可能是一种挑战，需要从思考方式和工作习惯上做出改变。本书前半部分介绍了响应式移动设计的各个要素，并以实例分析如何对现有站点进行响应式移动设计的改造。

性能是响应式设计绕不开的一个话题，对于移动端来说尤为重要。按条件加载、隐藏或显示什么内容，都会比单一条件判断的代码结构烦琐，并影响用户体

1　http://alistapart.com/article/responsive-web-design

2　http://www.lukew.com/resources/mobile_first.asp

验及维护。尤其是在移动性能上，多样的设备具有复杂的使用环境，如何识别设备，并让用户在不同设备环境下均能得到良好体验，也是一根硬骨头。本书的后半部分重点对于上述问题进行了分析，希望对于读者的开发实践有所帮助。

最后，希望能有更多的人在移动端实践响应式设计，实践出真知，更加合理、优雅的设计可能就出自你的手中。

本书赢得的赞誉

不论你是正在积累还是精简你的技能集，《响应式设计、改造与优化》都是现代 Web 实践的指南精粹。Phil 独一无二的技术背景和实战经验赋予了他对于底层核心程序以及像素级完美设计的敏锐洞察力。

— Web/UI 设计师 **Jacob R. Stuart**

如今，Web 开发是不可能不考虑各种屏幕尺寸和比例因素的，因为你永远不会知道你的用户使用的是手机、平板电脑还是台式机。本书有助于构建响应式网页设计，是一本必读之书。

—9magnets, LLC 联合创始人 **Cameron Banga**

任何一位寻找响应式设计综合性策略的读者不妨读一读本书。Phil 在这本实践指南中，揭开了为什么和怎样对众多的屏幕尺寸和设备进行响应式设计的面纱。

— WSOL 设计总监 **Dennis Kardys**

响应式设计的三要素（流动的网格、灵活的图像和媒体查询）仍然非常重要，今天创建一个网站比过去需要更多的思想和技术。本书将带你从基础开始，逐步了解现代 Web 开发的来龙去脉。

— 圣母大学网络通信系主任 **Erik Runyon**

Phil Dutson 提出的移动设计的设计建议、资源和实例，有助于将设计师和开发者们联系在一起。本书是任何一位 Web 设计师的书架上都值得拥有并需反复阅读的全面指南。

—SEO.com 网页设计师 **Kaylee White**

谨以此书献给我的朋友、家人，是你们提醒我以 5 岁孩子般好奇的眼光来看待一切，而不用担心出错，直到一切都那么完美。

—*Phil*

前　　言

　　"响应式移动设计"一词读起来有点拗口，而且当你仔细剖析它时，语义会发生转变甚至模糊，很难让人获得一个完整的认知，不了解这个词究竟是什么意思。

　　概括地说，"响应式移动设计"是一种程序设计方法。从广义的设计角度来看，这并不是一个新概念。它更像是当你第一次意识到你可以以三维空间的角度来绘画时，你的草图里瞬间充斥着各种立方体、球体、多点式、阴影等特效。

　　假如你能够退一步来看，意识到用户想要尽快获取的信息，并让它们在设备上适当地展示出来，你就能确保以最美观的方式让用户获得他们想要的信息。

　　这就是响应式移动设计：内容、结构和美感的融合，形成用户将会持续访问和享受的用户体验。

　　这本书重点介绍了我的经验，主要是关于移动设备及其设计，甚至一点点的代码就可以帮助你以最好的方式为数百万手机用户提供内容；同时，顺便简单地介绍了一些主题，而另外有一些复杂的主题，就如同你最喜欢的 Swedish-metal 乐队的低音提琴般纷繁难懂。

　　为了能够充分有效地使用本书，你需要具备一些 Web 设计或开发的经验。也就是说，对于希望学习新方法和新概念的团队管理者来说，本书也可成为一个优秀的项目资源，本书介绍的内容可有效地应用于开发团队。

　　有些话题是不容易覆盖到的，或是在没有对应网站查看例子的情况下无法详细介绍的。我已经创建了一个网站，从该网站上你可以获得各种工具、技巧、教程和示例。通过台式机或者移动设备访问 www.mobiledesignrecipes.com/ 就可以找到这些资源。

　　你也可以通过 Google+（+PhilDutson）或 Twitter（@dutsonpa）联系我。

关于作者

Phil Dutson 是 ICON Health & Fitness 客户端和移动执行解决方案的架构师。他是 *Sams Teach Yourself jQuery Mobile in 24 Hours*、*jQuery, jQuery UI, and jQuery Mobile Recipes and Examples*、*The Android Developer's Cookbook，2nd Edition* 的作者。他热爱技术的学习和写作，每次他与儿子玩 Ingress 时都向世界传播启蒙讯息。

致谢

创作一本书称得上是不朽的壮举，但需要许多人共同帮助才能及时完成。首先，我想感谢 Laura Lewin 为这个项目所做的工作和贡献。我还想感谢 Olivia Basegio 对我的所有问题的回复。如果没有生产团队的贡献，这本书不可能完成，包括 Kristy Hart、Lori Lyons、Krista Hansing、Mark Taub，以及所有其他无名英雄，是你们让这本书变成了钻石。

我特别想感谢 Cameron Banga、Dennis Kardys 和 Jacob Stuart，感谢你们出众的才华，绝对是绝佳的资源。我很感谢每位技术编辑的工作，感谢你们对每一章节的清晰理解、敏锐的洞察力和帮助。也要感谢 Sheri Cain，我的开发编辑，从头到尾对每一章的专注，确保我的写作是有意义的。

我还想感谢我的家人，允许我每星期都消失这么多个夜晚，却仍然认为我是一个很酷的家伙。没有 Ethan、Kile、Josie、Sam 和 Anna 的帮助，就不会有在这本书中的设计和教程的图片样本。

目　　录

第 2 部分　使用响应式媒体

第 3 部分　性能优化

第 1 部分

创建响应式布局

第 1 章

内容事项

在创建一个响应式网站的过程中，最重要的一步往往是最容易被忽视的。很多设计师喜欢先从情绪板、线框图，甚至浏览器中的已有原型入手开始工作。在设计过程中，所有这些都是非常有用的，绝对应该存在于你的工作流程之中。然而，你现在需要立刻问一下自己：设计的真正目的究竟是什么？

文字和图像等信息共同组成了网站的内容。交付一个表现优秀且变换灵活的网站，内容将起到至关重要的作用。

无论你创建网站是为了销售一项服务、一个产品或是一套企业电子商务解决方案，所提供的内容都将促使用户进行注册和使用，进而向他们的好友推荐该服务、产品或解决方案。

本章将讨论内容的创建和交付的各个方面的知识。

构成内容的要素

近年来，内容已经成为设计的考虑因素之一，但它似乎还没有获得足够的重视。设计师和开发者习惯于依靠网站的年份、入站链接以及那些精准投放的关键词。这些策略保证了网站能够上升到搜索结果的前列，用户也就络绎不绝地来访问网站。

时代已经发生了变化。你现在需要把重点放在网站的实际内容上来。现在的搜索引擎对网站内容的"质"和"量"都感兴趣，对于二者有多种方式进行测定：

- 在 Facebook、Twitter 和 Google+ 等热门服务中的社交信息流、分享和帖子
- 产品或服务相关的网站文字
- 与当前页面或产品相关的出站链接
- 最小化的链接和关键词填充
- 拼写、语法和内容的表达方式
- 图片、视频和添加在适当位置的扩展资料
- 具有原创性或启发性的内容，而不是重复别人的工作

认识到这一点，让我们看一下内容创作的几个要素。

信息采集

开始信息的采集很简单，可以与一群同事围坐在桌子边，讨论关于网站、服务或产品的想法。虽然这像是一场头脑风暴，但这事实上更像是一个"观点培育"的机会。当在讨论项目时，不仅要记录下同事们说了些什么，还要记录他们是怎么表达的。为了帮助你收集观点，你需要为这次会议打破存在于公司的任何孤岛。

引入不同团队的成员，并让他们感受到他们的意见非常重要。一致性在这里不是主要问题；所有想法都应该分享出来。可以找其他的设计师、一两位开发者，还可再引入用户体验（UX）团队的成员、项目经理（长远来看），并从营销团队中挖掘人才。当这些专家表达自己的想法和意见时，请记录下措辞，以及表露出来的情绪；在后续的设计中，文字、排版、图像、艺术方向，甚至颜色的选择，你都可以参考这些情绪来加以定夺。如果发现身边缺乏同事，你还有其他的资源来收集信息。通过访问热门的点评类网站，甚至是拥有商品评论的大型电子商务网站，它们都可以为你提供灵感和观点。

像类似亚马逊这样的网站，里面的许多商品已经被"评论攻陷"，是进行内容采集的完美目标。在这些评论里，你可以找到最好的讽刺、原创内容、幽默和各种各样的情绪（在亚马逊里检索"Three Moon Wolf"T 恤，www.amazon.com/The-Mountain-Three-Short-Sleeve/dp/B002HJ377A，这是一个优秀的评论攻陷典型案例）。就内容而言，这些评论为商品以及亚马逊网站（在此案例下）创造了有价值的内容，页面链接被反复地在社交媒体和其他网站上传播。作为额外的奖励，每天都会有新的评论出现，这使得页面中一直有新的内容涌现，并增加了搜索引擎对该页面的评分，从而提高了搜索引擎优化（SEO）的有效性。就内容采集而言，你可以寻找那些吸引人的观点和写作风格。一些评论甚至在讨论产品的替代使用方法。这是一个极好的方式以众包你的产品，至少使你有机会认识到公众认为的好产品或项目是什么样的。

请记住，内容应该是引人入胜的。没有人喜欢一页接着一页地阅读枯燥、浅薄、以 12-point 字号、sans-serif 字体展现的胡言乱语。人们渴望多样化、精选的以及任何引人注目的东西。将视觉媒体与印刷媒体或数字媒体进行对比，它似乎是一种延伸，但广告的运用是一个不错的方式，可以找出哪些是有效的，哪些却并不奏效。一年中，我个人最喜爱看广告的时间大概在一月和二月，这是因为所有的"超级碗"美国橄榄球超级杯大赛广告在那时开始播出，我有强烈的直觉判断，什么是有效的，而什么偏离太远了。无论是滑稽、荒唐或者只是跨越社会大众可接受的底线，这些广告在 30 到 60 秒内展示了内容的力量。在广告播出后的一两天内，你就能看到大量的关于哪些广告放到了点子上，哪些完全丢分的评价。然后可以解构这些信息，分析出哪些可能对你的项目有价值。

与创造产品的人探讨是另一个不容忽视的信息收集渠道。如果你在耐用消费品领域工作，你应该与制造商、开发者、工业设计师和测试人员交流，以获得他们在创造产品过程中的反馈。有时候，这些人能够看到产品中的致命缺陷，但他们没有传递出这些担忧，仅仅是因为他们没有被要求分享其观点。如果你在数字产品服务领域工作，你应该与软件工程师、开发人员、管理员和内容经理交流，以获得他们在实现难度、第三方集成可用性方面的反馈，以及他们自己是否会使用该服务。获取技术反馈是至关重要的，因为它可以帮助你决定哪些信息需要与消费者分享，也可以使你成为网站所展示内容的权威。

在向周围的人、媒体和评论或类似的众包池收集想法、意见、情感和技术细节之后，你就可以开始提炼可以分享的信息，将其作为内容的一部分。

信息确认

采集信息容易令人激动且注意力分散，但在某些时候，你需要坐下来评估你所收集的材料，并思考如何正确地将它们应用到项目中。

为了帮助你进行信息的确认，从而将合适的部分使用到内容中去，对于你将要向用户展示的产品，在分析所采集到的信息时，可以试问自己以下问题：

- 产品如何让我产生感觉？
- 产品将为我做些什么？
- 人们会对产品感到兴奋吗，并与他们的朋友分享吗？
- 了解产品技术细节是否有助于产品的销售和交付？

当你按照这份列表工作时，你能够感受到你的产品到底是什么，以及它的独特之处。你所采集的意见、反馈、评论或褒奖信息，将帮助你找到产品最佳的功能点和优势。

进而你可以进一步提炼出主要关键点或功能的信息。为了更为可视化地展现数据，可以收集常用词、元素或题材，并将它们绘制出图表。图 1.1 所示的饼图呈现了一个示例项目中的常用短语。

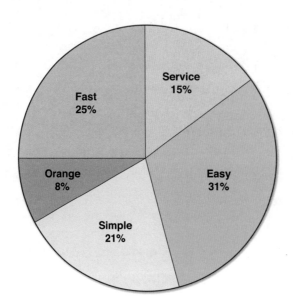

图 1.1　展示关键词或术语的数量占比的饼图

图 1.2 所示的雷达图可以帮助你专注提炼重点内容。

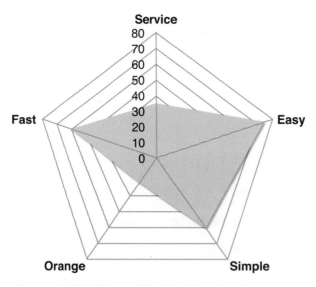

图 1.2　展示相关术语和数据出现频率的雷达图

　　请记住，你的内容应该简洁明了，而且能给潜在用户一个需要你产品的理由。让我们来看看为什么选择合适的内容非常重要。

选择合适的内容

从网站性能到搜索引擎优化（SEO），选择合适的内容可以使网站能够吸引用户来频繁访问，否则用户会以他们的方式离开网站。

当给定了设计规范，设计师有时很难将创造性构想与那些必须要完成的工作分开。这不一定是坏事。事实上我坚信，每个优秀的设计中一定蕴含了其设计师的想法。不幸的是，当一个规范缺乏应该包括在设计时适当考虑和强调的有关内容时，则可能会出现问题。不必要的复杂性，转移了在诸如内容性能、搜索引擎优化和用户期望等重要考虑因素上的注意力。这就好像有人让你设计一个自行车，但却不告诉你需要什么类型、骑它的人是谁，以及任何它需要满足的限制或条件。在实际的设计中，诸如网站在移动设备上的表现形式以及用户如何找到你的网站等方面的考虑，将帮助你不用走回头路对设计进行返工，而顺利开始工作。

内容性能

对于每一个你想在设计中使用的图像、字体、图标、雪碧图（sprite）、框架和插件，都会增加 HTTP 请求数和发送给用户的资源文件数。

- index.html
- styles.css
- scripts.js
- framework.js
- hero.jpg
- sprites.svg

正如你看到的，网站包括 6 个文件。当用户第一次加载页面时，浏览器发起了 6 个 HTTP 请求以下载和存储资源文件。根据连接类型、连接速度、资源文件大小的不同，页面加载时间可以从 1 秒到 15 秒以上不等。所提供的资源文件越少，用户浏览器发起的请求就越少，页面渲染并显示的速度也就越快。图 1.3 展示了浏览器向一个简单网站发出请求过程的瀑布图。

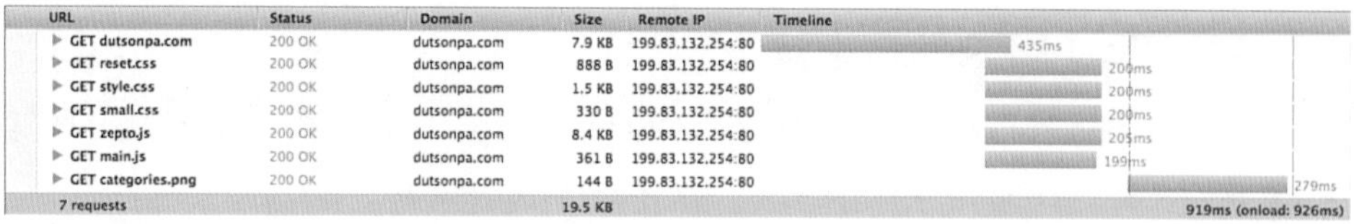

URL	Status	Domain	Size	Remote IP	Timeline	
▶ GET dutsonpa.com	200 OK	dutsonpa.com	7.9 KB	199.83.132.254:80		435ms
▶ GET reset.css	200 OK	dutsonpa.com	888 B	199.83.132.254:80		200ms
▶ GET style.css	200 OK	dutsonpa.com	1.5 KB	199.83.132.254:80		200ms
▶ GET small.css	200 OK	dutsonpa.com	330 B	199.83.132.254:80		200ms
▶ GET zepto.js	200 OK	dutsonpa.com	8.4 KB	199.83.132.254:80		205ms
▶ GET main.js	200 OK	dutsonpa.com	361 B	199.83.132.254:80		199ms
▶ GET categories.png	200 OK	dutsonpa.com	144 B	199.83.132.254:80		279ms
7 requests			19.5 KB			919ms (onload: 926ms)

图 1.3　加载一个小型网站过程的瀑布图

复杂的网站往往提供了更多文件，而电子商务网站提供得会更多。图 1.4 展示了一个大型电子商务网站的瀑布图。请注意，该网站使用了太多的图像，以至于不能轻易地拼成一个雪碧图；其对网站负载增加了许多请求。包括为了跟踪用户行为的像素（pixel）和 JavaScript、多个没有合并的 CSS 文件，当用户初次访问站点时，这些都增加了浏览器渲染页面的时间并呈现出延迟。

> **小贴士**
>
> 　　添加第三方工具可以帮助你分析网站流量和营销效果，但这也会对用户体验产生严重的副作用。这些像素、窗口小部件（widgets）和解决方案都是存在于远程服务器一侧，而不在离用户较近的一侧。更糟的是，它们会导致出现一个无响应的网页给用户，什么也做不了直到所有的内容被加载完成。因此请慎重选择嵌入网站的第三方内容。

回顾一下图 1.3 和图 1.4，你可以看到，不仅大量请求被发出，而且页面加载所需的时间也大幅增加。当许多开发人员谈及网站膨胀、内容阻塞以及渲染缓慢时，他们都热衷于 Web 开发中的这一问题。

> **小贴士**
>
> 　　你可能听到过"懒加载"、"延迟加载"或者"异步交付"的说法。所有这些都说的是一回事儿。当 Web 浏览器加载一个页面时，它会按照一个特定的顺序来下载、拼装文件，并在屏幕上显示出来。构成相当一部分第三方内容的 JavaScript 文件，包括跟踪像素和窗口小部件，阻塞了其他资源文件的加载。这可以通过使用懒加载、延迟或异步技术得以解决，其允许网站的一部分（样式、图像和文字）在脚本运行前先加载。因此用户得以继续使用加载完成了部分功能的网站，而不必等待这些功能全部加载。

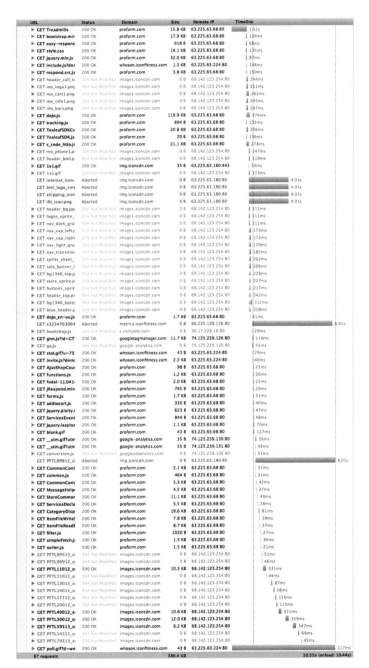

图 1.4　发起众多 HTTP 请求的网站瀑布图

你可能想知道如何才能提高网站性能以加快页面加载速度和资源文件传输速度。我有一个简单的技巧列表，以帮助你管理内容的性能：

- 只提供给用户此刻需要的内容；其余的使用异步传输方法。

- 谨慎决定需要展示的内容。如果你不需要内容滑块，那就不要加上。该功能可以取悦老板，但可能会导致多余的文件下载和网站膨胀。

- 尽可能合并 CSS、JavaScript 和小图像到单一文件中。这意味着你应该针对图像和图标使用雪碧图文件（可以使用 SpriteCow 来完成雪碧图的生成——可参考 www.spritecow.com）。如果可能的话，你也应该把 JavaScript 合并成单一文件。

- 当页面加载时不要自动播放视频、音乐或其他媒体。这样可以节约 HTTP 请求和由于加载大型媒体文件所要支付的带宽。

- 不要害怕使用 Web 字体，但要尽量对其进行优化。谷歌 Web 字体提供了一个优化服务，可以创建仅包含你所需要字母的字体。如果你使用 Web 字体仅为一些特殊的排版需求，并不需要完整字母表，那就不要强迫用户下载不需要的完整字体。

搜索引擎优化考量

搜索排名拥有成就或埋没一个网站的能力。一般的经验法则是，如果你的网站没有出现在任何搜索结果的前三位，那么这个网站几乎没有机会被人发现。页面在尽可能多的相关搜索中排名第一与网站被尽可能多的人使用呈必要正相关的关系。这也为你节省了一大笔在付费搜索广告中所投入的资金。

那种坐拥域名然后堆砌关键词，添加大量站点内部链接，加入链接共享联盟，并加入超量的 meta 标签的日子已经一去不复返了。得益于新的搜索算法，社交媒体的影响、页面上的实际内容、语法的正确性、"自然语言"的运用，以及对于一个给定主题的权威级别确定被纳入评价体系，目前为了在搜索引擎中排名靠前，很大程度上依赖于对内容的关注。

一般来说，如果一个网站提供的页面全是图像，而没有文本内容，那么这些网页在搜索结果中的排名将会下降。对于那些包含了图像，然后使用空的 alt 标签，或那些只写了"LOGO"或"image here"的网站也是如此。

你需要在描述性文字和有用、适当且标记清晰的图像之间取得平衡。你可能想知道信息图表的用处，因为它们都是些内部放置有文字的图片，但请扪心自问你最后一次访问仅有一幅信息图表（而没有配上描述或下载邀请）的页面是什么时候。

最大程度地提高搜索引擎优化效果，将继续在文本和图像之间达成平衡。然而，如果你还不忘你正在为用户进行创作，并且你是内容材料上最重要的专家，你应该会做得相当好。在一个主题上保持你的专业程度，可以帮助页面在搜索结果中排名靠前。

如果你从来没有做过任何搜索引擎优化的工作，可以通过访问谷歌网站管理员工具（https://www.google.com/webmasters/tools/）和必应网站管理员工具（www.bing.com/toolbox/webmaster）进行基础性的起步。这两个网站可以让你从能够完成的小事做起开始工作，并从中学习到更多。你还可以找到一些工具和服务，以使自己在正确的方向上进阶，例如 ScreamingFrog（http://www.screamingfrog.co.uk/）和 Moz（http://moz.com/）。

用户期望

每个设备都在潜移默化中教其用户如何使用它。许多设备制造商都提供了设计标准和设计指南，以帮助设计人员和开发人员创建与系统主题或运行方式相匹配的应用程序。

例如，Android 用户都知道，总是可以通过轻触应用程序左上角的图标找到菜单。他们期望下拉选项和其他应用选择出现在应用程序窗口的顶部。他们还希望无论何时都可以使用靠近设备底部的后退按钮，来拯救迷失在应用中的自己或返回上一个屏幕。

另一方面，iOS 用户则期望大部分菜单和应用选项位于应用程序的底部，并能在窗口或应用的顶部找到后退、编辑以及其他类似的按钮。

掌握用户群在设备使用上的分布，将影响你的设计，因为不同的设备会对使用它们的用户进行教育和训练，因此，你的网站需要以特定方式使用户轻松上手。如果一个网站以最贴近 Android 用户使用习惯的设计模式被创建出来，而大部分流量却来自使用 iOS 设备的用户，这将是十分可笑的。

想要了解访问你网站的用户组成，你可以利用例如 Google Analytics（https://www.google.com/analytics）这样的跟踪系统。目前谷歌所提供的这项服务是免费的。该系统不仅可以让你测量网站流量，同时也能够探测网站用户的设备、操作系统以及其他能力指标。

想要了解更多关于 Android 的设计指南，可以访问 Android 开发者网站的设计部分（http://developer.android.com/design/index.html）。

要了解更多关于 iOS 的设计，可以访问 iOS 设计资源（https://developer.apple.com/library/ios/design/index.html）。

现在，你已经了解到选择合适的内容可以使你的网站有多么大的不同，让我们来看看最热门的网络话题之一，尤其是在考虑到显示内容和网站性能时。

内容滑块

过去几年的流行设计中，常常倾向于在目标页面中突出一个特别大的主图或飞溅的画面，再带上相对小一些的行动引导内容或文章。使用大号的文字、大胆的图像，当然还有大的 LOGO，这是一种不错的方式以帮助建立品牌。

在那之后不久，内容滑块（slider）或循环轮播（carousel）出现了。网站似乎热衷于这项功能，突然间一个现代版的 "blink" 或 "marquee" 元素重新拥有用武之地。在某种程度上这非常棒！因为它给市场营销部的经理们每人一个独立的空间来填充他们各自认为最重要的内容。然而，从性能角度来审视内容滑块，这是一种比较昂贵的实现方式：原先不得不载入的那一张超大的图被更多的图像所替代，从而增大了整个页面的大小。图 1.5 展示了两个网站：一个没有内容滑块，而另一个有内容滑块。

图 1.5　网站潜力的选择——左边的没有滑块，右边的采用了内容滑块以显示更多内容

　　就滑块对内容的价值而言，真正的问题是，它们真正有效吗？这并没有一个简单的答案。有些网站利用滑块取得了巨大的成功，而另一些则似乎没有任何起色。使用单一的主图至少能保证用户能看到它，而内容滑块的使用，挖掘了更多图像能够被展示的潜力，但同时也存在用户还没有看到一个以上的图像时，他们就已经离开或滚动到其他位置的风险。获取滑块表现的统计信息是决定使用与否的关键。你可以使用各种分析产品，包括 Google Analytics 获得此信息。要记住，有些数字可能由于页面上有多个链接指向同一个地方，而被人为地提高了。企业解决方案，如 IBM 的 TeaLeaf（www.ibm.com/software/info/tealeaf/）提供了一个很好的方式来跟踪用户到底做了什么操作，什么时候进行的操作，他们是否有任何问题或在过程中遇到了"打击"。

　　我个人认为，内容滑块就像是一个搜索引擎。从某种意义上说，你可以认为你的网站就像是一个"词条"被搜索到，然后把每个内容滑块中的图像视作搜索结果。要知道，大多数用户只看搜索结果第一页上的前三个链接，有多少用户又愿意深入到搜索结果的三页甚至五页之后才单击一个链接获得想要的答案？这并不意味着第五页上没有相关的信息能够提供给用户，只是他们可能从来没有看到。更糟的是，这可能会使用户忘记了他们最初访问网站的目的。你留给用户的是难以理解的流程，而不是直接给他们想要的东西。

　　我看到的那些在内容滑块上取得成功的网站并不需要推销自己，而是及时有效地提供用户如何正确使用网站的内容。当你考虑并确定内容策略时，请记住这一点。

小结

内容可通过任何一个可能的途径对你的网站产生影响。你已经了解到内容由哪些要素构成，以及用各种建设性的方法生产内容。

你还了解到向用户传递信息的重要性，看到在有效地交付和执行你的产品、服务或网站过程中，选择合适的内容进行分享有多么重要。

最后，你了解到你决定使用的内容会影响到加载时间、SEO 评分、设计布局，以及向用户呈现内容的方式。

第 2 章

为什么移动优先

　　你可能听说过设计师们提出的这个概念——"移动优先"。开发人员也许会对你说，如果仅仅要求移动优先，那么实现起来将会比以往简单十倍。也许你曾读过 2009 年 Luke Wroblewski 发表的那篇关于移动正成为新媒体的博客。无论你是在哪里听到的这个概念，着手落实移动优先是一条正确的途径，它可以确保你的设计适合绝大多数人，并让其中最重要的细节成为焦点。

浏览 Web

我记得我们拥有的第一台电视机的体积相当庞大。它的屏幕仅为 20 英寸，但是被装在一个巨大且笨重的柜子里，以至于我无法挪动它。它有一个用于手动切换频道的旋钮，同时还有一个我常常用来改善画面质量的"微调"旋钮。我还记得那是一台彩色电视机，还有另一组隐藏旋钮用来调整颜色、饱和度和对比度。总之，这在当时创造了一个现代科技奇迹。

电视机并没有问题，它运作得很好，让我们能够通过射频天线收看无线开路电视。然而，一件非常有趣的事发生了。我的姐姐在她的房间里放置了一台"便携式"电视。尽管她的电视只有一个大约 10 英寸的屏幕，并且是黑白的，但我还是忍不住地被它吸引住了。它几乎在各方面都不如客厅里的那台野兽般的大彩电，但它是如此小巧轻便，让我不住地在这个令人神往的视觉媒体上投入我的空余时间。

我分享这个故事，是因为一些人们用来访问 Web 的设备可能不是人们所认为的浏览 Web 的"最佳"设备。浏览 Web 的设备以任意的形状和尺寸出现。

> **小贴士**
>
> iOS 设备目前有 6 种不同的分辨率，范围从 $480 \times 320px$ 到 $2048 \times 1536px$。而安卓系统由于其开放性，存在数百种不同的设备及分辨率，从 $240 \times 320px$ 到 $2560 \times 1600px$ 不等。

你可能不知道目前还有什么设备被用来呈现网站（它甚至可以是一块智能手表），所以你需要考虑如何建设网站，以及如何覆盖不同的屏幕尺寸。

曾经，设计人员和开发人员将拥有鼠标且能单击的设备称为"桌面"终端，而将以触摸屏为代表的设备（包括平板电脑和手机）称为"移动"终端。后来手机上开始出现了轨迹球，突然间就出现了配有鼠标的触摸屏式设备。于是人们开始使用蓝牙外设，并且我们很快有了能单击的平板电脑。这种局面继续演进，很快就发布了配有触摸屏的笔记本电脑。设备拥有了折叠式键盘和可翻转屏幕，电话插到平板中，于是我们看到了"平板手机"的推出，这款神秘设备是为那些离不开平板电脑的屏幕空间，但又需要拨打电话和发送短信的人而进化出来的。

　　所有这些设备，不再仅仅以功能区分其是移动终端或桌面终端。以此类推，平板手机那极端的物理屏幕尺寸和分辨率，（如果没有完全消除，那也至少）模糊了以分辨率来区分移动终端和桌面终端的界线。图 2.1 比较了一些常用设备的分辨率。

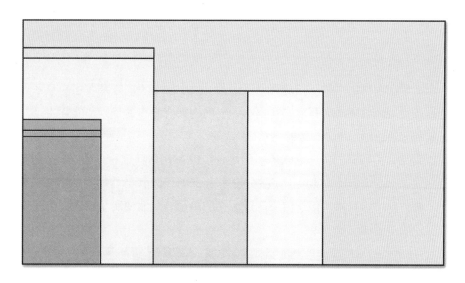

颜色	十六进制值	设备	像素分辨率
粉	#ffd9d9	HDTV	1920×1080
淡蓝	#d9e3ff	Kindle Fire HDX 7	600×960
浅黄	#fff5d9	Laptop/Netbook	1366×768
浅绿	#d9ffdd	iPad	1024×768
黄	#feff82	Nexus 7 (2013)	600×912
橙红	#ff8282	Galaxy S4	360×640
紫	#8b82ff	Moto X	360×592
薄荷绿	#82ffc0	iPhone 5	320×568

图 2.1　几种流行的屏幕分辨率在呈现网站时的叠加

　　我们如何应对如此多样化的设备？虽然有一些方法目前比较流行，但我放弃采用以种类或类型对设备进行区分，而是按相对尺寸对它们进行分组。我通常使用以下分组：

- 0 – 479px：小（Small）
- 480 – 959px：中（Medium）
- 960 – 1399px：大（Large）
- 1400px+：特大（Extra large）

需要注意的是，每个项目都是不同的，从突变点（breakpoint）入手可能并不是最佳的解决方案。很多设计人员喜欢 "在浏览器内" 构建，并在需要时创建突变点。此处的 "需要" 是指，当你的设计看起来不再良好，开始变得破碎、拉伸、压缩或断裂时。

苹果公司推出了其所谓的视网膜屏幕。这类屏幕不同于那些已在显示器和其他设备中使用的标准屏幕。它在更小的空间内拥有更多的像素。实际上，对更多像素的有效利用，使得图像的显示更为清晰。苹果公司总是使用完美的两倍比率，将像素呈现到屏幕上。这意味着，如果一个设备宣称具有 640×1136px 分辨率的视网膜屏幕，则该设备实际上是按分辨率为 320×568px 的普通设备那样来渲染页面。而用户可以获得两倍于渲染区域大小的画面，从而使所呈现的图像表现出难以置信的清晰和细致。

> **小贴士**
>
> 在应对高密度像素屏幕时，你需要先获得设备的像素密度比率，然后用设备分辨率除以该比率。三星 Galaxy S4 的像素密度比率是 3，若该设备宣称具有 1080×1920px 的屏幕，则它将按 360×640px 的普通设备那样来渲染页面。需要注意的是，一幅 360×640px 的图片将会因屏幕像素双倍（或可能三倍）的增加而出现模糊不清的情况。反过来说，一幅 1080×1920px 的图片将会呈现出极度锐利的细节，因为它被压缩于更小的空间，并被允许利用所有的可用像素。

众多制造商紧随苹果公司的步伐，想要跟进高像素密度的屏幕，并创造出了类似的营销术语。有一些公司，比如 qHD，采用的像素比是 1.5 而不是 2。某些制造商并不关心创新术语，而是简单地在像素总数和显示清晰度上做文章，并没有指出像素密度比率。这些不同的缩放方法导致了类似的结果，可以增加图片和文字的清晰度，但当并非两倍大小的图片和图标显示在这种高分辨率的设备上时，它们在显示效果上会普遍变得模糊。图 2.2 展示了没有针对高像素密度设备进行优化的栅格化图像在显示效果上的差异。

图 2.2   左边图像因屏幕像素加倍显得高度失真，而右边图像显得更为清晰并有更为
          锐利的边缘

将在第 9 章探讨如何恰当地呈现图片，但有一点很重要，你要搞清楚市场上是如何标称设备分辨率的，以便将设备放置在合适的分组中。

现在，你已经了解如何针对屏幕尺寸进行分类和处理，接下来应思考，从最小设备尺寸开始，当着手设计时，有哪些需要注意的问题。

从小尺寸开始时的注意事项

当开始移动设计时，我碰到最困难的任务是让每个人相信一切都会好起来，即使看上去像是我把他们那美丽大胆的设计塞入了一个普通的盒子。事实上，对于那些习惯于设计大场面或影院屏幕的人来说，初次进行移动设计时可能会感到有点不适。

> **小贴士**
>
> 有一种趋势表明，设计不应该是"移动优先"，而应该是"内容至上"。正如第 1 章中关于内容方面的讨论所言，内容在你的设计中的重要性是不可否认的；然而从用户体验和开发的角度来说，设计仍应该遵从移动优先。创建一个有二三十个突变点的 CSS 样式表不仅困难、费时、书写混乱，而且绝对难以管理。

从小尺寸开始的秘诀是保持你设计或品牌中的某些元素，最大限度地使用色彩和图像，并把最重要的内容放在前面，使用户能轻松地访问到。没有什么比拿一个功能完整的桌面站点，并对其进行"瘦身"，然后仅仅提供一到两个可选项给移动用户更让他们恼火的了。如果要增加一个链接、页面或者桌面及"大号"版本站点中的某项功能，你需要寻求一种将其放入移动或"中小型"潮流中的恰当方法。

这意味着你需要开始规划如何针对不同尺寸的网站开展工作。根据你的界面设计，这可能会增加设计和开发时间。不过这是值得的，访问者会很乐意经常光顾你的网站或 Web 应用。

当以移动优先时，在设计过程的早期就可能需要确定一些重要问题：

- 网站主题
- 网站导航
- 市场形象
- 网站搜索

让我们将这些问题分开来，讨论它们为什么对于移动优先的设计很重要。

网站主题

你可能通过一系列精心设计的测试、用户反馈及内部审查来创建你的品牌、站点、色彩和标识。你也有可能花费时间和资源，向用户强调该品牌的重要性。当针对小屏幕设计时，在有限空间中维护品牌将颇具挑战。

　　一些曾经与我合作过的设计师建议说，如果你正在创建一个桌面或移动应用的图标，你应该直抵其本质，而不是纠结在如何收缩整个 LOGO，或是如何在 Photoshop 或 Illustrator 中将其转换为智能对象并打散。

　　响应式 Web 设计的一个有利之处在于，随着屏幕尺寸的增加，可以将更多的细节添加到你的资源中，包括 LOGO。图 2.3 展示了一个假设的 LOGO 在不同阶段的实现。

图 2.3　在不同设备上 LOGO 的演化

　　如上所述，LOGO 的尺寸备受关注，接下来让我们讨论如何通过主题来强化品牌。使用一个主题并不意味着限制你使用明亮活泼的颜色，但它确实意味着你应该花一些时间来鉴别出对于你的品牌来说重要的颜色，以及在文字、边框、按钮和其他元素上用于强调或间隔的颜色。

　　我用了一个拥有大约 8~12 种颜色的小调色板作为网站主题。图 2.4 展示了我曾经在一个项目中所使用的调色板案例。

　　通过保持调色板中的颜色数量，我可以专注于那些最能表达品牌的颜色，并且训练我的用户快速了解每种颜色。例如，我将一种颜色用于表示 "前进" 动作的链接或按钮，将另一种颜色用于表示"返回"动作的按钮，其他模态动作（如显示遮罩层、视频播放器、页面中的图片廊等）也用不同颜色表示。

图 2.4　一个为每个样本标示十六进制值及颜色描述的调色板示例

请注意你的公司、品牌或项目可能已经有了一些 Web 准则。这样的话，你需要确保这些准则能够更为灵活，以匹配那些展示网站的各种屏幕。如果不能，你就需要创建一个能在你的项目中使用的流式版本的准则。

这可能会让人感到受限制，这是可以理解的，但当你从小尺寸开始做，你就得为强化品牌、速度和易用性而构建网站或应用。如果用户由于有 20 张图片需要先加载完成才能使用你的网站，或者在没有合适理由的情况下不得不等待一层又一层的视差内容，他们就会离开，并一定会将他们在你网站上的可怕经历告诉更多的人。

不要误会我的意思，不过你不应该建立没有灵魂、无法阐述你的品牌内涵的三色网站。你可以随意使用一些吸引眼球的方法，例如纹理、图案、光层次感。只要保持在合理范围内，并确保它有益于你和你的用户。

网站导航

网站导航是设计中不应被忽视的部分，尤其是对于小屏幕。新用户在你的网

站中需要以直观的方式找到路径，并能够轻易地返回出发点或者找到他们想要的
选项。但是情况可能会变得复杂，当一些老用户第一次在移动设备上浏览你的网
站时，他们可能会意外地回到新用户群中。

　　在不同屏幕尺寸上处理网站导航是一种比较新的实践，当你通过网络搜索时，
你会发现已有许多种不同的方式来解决它。网站导航通常可以认为是网站的菜单，
因此将网站导航称为 "菜单" 这一情况并不少见。

　　菜单分为两个元素，按钮（或触发器）和菜单本身。以下是一个显示菜单按
钮的常用方法列表：

- "汉堡包"，也被称为多行菜单
- 文字菜单，由带有或不带有边框的文字组成
- 各种图标或形状
- 图标和文本的组合

图 2.5 展示了一些流行的菜单样式。

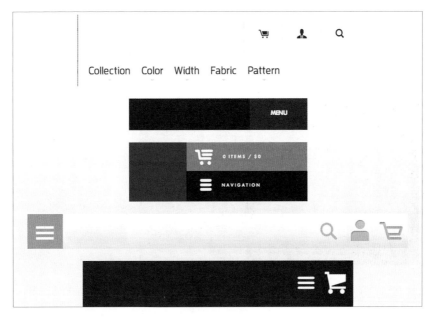

图 2.5　多种方式显示用于触发菜单的按钮

在决定了你的菜单按钮的样式之后，你需要决定当它被触发时会发生什么。通过菜单按钮，可以有多种方式来显示菜单元素。最常见的样式是下拉（不是select 框，而是屏幕遮罩层或把网页内容下移），或者当菜单被触发时滑入视窗内的外侧滑类型。

只要保持一致性，任何所选的菜单形式都可以正常工作，你只需考虑屏幕尺寸变化所带来的情况。

营销图像

无论称它为英雄（hero）、飞溅（splash）、震撼（zinger）、瑕疵（bug）或行动引导（call to action），有些时候你需要处理好网站的营销图像。乍一看，你可能会在不经意中搞定，以为能够简单地选取一幅图像，它就会缩放适配正在浏览网站的任何尺寸的屏幕。

老实说，以这种方式考虑图像是错误的。诚然，你的图像能够缩小，甚至在具有高像素密度的设备上缩放可能会使其看起来更好。然而，你可能不会想到，当包含有"标准字体大小"文本的图像从 1400px 宽压缩至 320px 时会发生什么。图 2.6 展示了一个包含文本的图像从 1920×1080px 缩小到 480×270px 屏幕上进行渲染时所发生的不幸的事。

图 2.6　图片右边的文字在缩小后变得模糊不清

通过适当的规划，就不会出现这种目前难以辨认图像的情况。从最小的屏幕上开始设计，你会发现你所选择的艺术方向成为设计过程中更为重要的部分。请记住，网站的内容不仅仅是文本，视觉内容也很关键。图 2.7 演示了图片是如何在不同浏览设备上变化的。

图 2.7　当在不同设备上浏览时，图片艺术方向发生的变化

这个问题也不一定只出现于文字上。无论你面对的是一张人群的照片、一个对象还是一种情况，在各种尺寸屏幕上所需展示的内容都至关重要。

网站搜索

在本章中需要注意的最后一点是，开发人员往往忽略了他们自己网站的网站搜索。

考虑一下移动用户如何处理他们的事务，他们一般只有很短的时间以及更短的耐心。许多人没有时间和毅力一页接着一页地去挖掘内容来寻找他们想要的东西。如果移动用户无法在第一时间找到他们需要的东西，他们很可能会离开你的网站，并且可能不会再来。你需要优先考虑的另一件事就是优化网站的搜索方式。

实现站内搜索还没有形成一门精确的科学，尽管许多设计正在接近形成一个看上去普适的解决方案。现在，大多数用户都知道一个挨着输入框的放大镜图标就是他们所要找的。如果输入框不存在，或者图标是按钮的一部分，那么大多数用户就会理解为，他们应该尝试单击或轻触这个按钮，搜索表单将会出现。

有一种搜索样式是在网站的页头或页脚处以静态或固定的方式，持续地呈现输入框。这很普遍，并且相当成功，它"出现在你的面前"但又不过于显眼。以这种方式显示站内搜索的优势是，它始终可用，并处在一个容易发现的位置。针对这种类型的搜索，我给你的唯一提醒是，当用户打开小屏幕手机，将纵向改为横向时，搜索栏可能在极其宝贵的屏幕空间上占据相当大的面积。

另一种正在逐渐流行的搜索样式是外侧滑或者"隐藏式"搜索框，这就如它们听起来的那样。对于外侧滑方式，需要一个位于屏幕之外的菜单（下拉或者滑入）。你只要把搜索框放在菜单中，让用户能够访问到。对于隐藏搜索区，就是在页面上添加一个图标，比如放大镜。然后当单击或划过这个图标时，搜索框就会出现并聚焦。菜单的出现可能是通过滑动内容闪开的动作，或者可能是一个菜单或输入框从其后面的其他内容中出现。上述两种方法中没有哪个是必然错误的，但我必须指出的是，有些用户在使用时可能会存在问题，因为这需要更多的思考才能正确操作。如果用户不认识该符号，那么他们可能会害怕去触碰这个图标。在设计应用之前，你需要建立一个原型并做一组测试，以确保用户能够理解如何找到并使用搜索。

图 2.8 直观地展示了已经在使用的不同种类的搜索项。

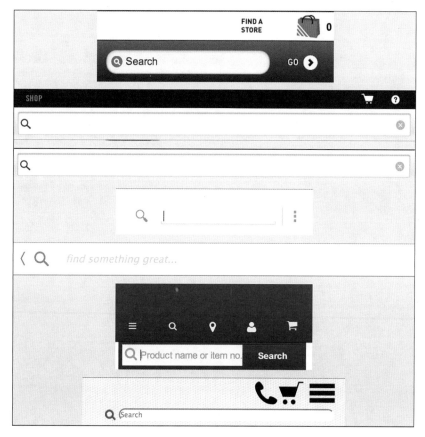

图 2.8　可以在你的网站上应用的搜索项示例

小结

在这一章中，你了解到了以移动优先进行思考的重要性。你看到了如何通过移动优先的设计来充分提升你的内容、品牌，甚至是网站互动。你学习了如何处理各种尺寸的屏幕，包括那些高于实际网站渲染分辨率的高密度像素设备。你也了解到一些常见的问题和陷阱，它们会使你的设计开始运用移动优先方法时陷入死循环。总的来说，采用移动优先可以节省你数天的改造时间，并为当屏幕空间变得有效时如何扩展网站指明了方向。

第 3 章

使用栅格

栅格不仅在创建一个图形或图表时有用，它也是一个很棒的工具，可以用于排列元素、对齐匹配区域内的内容，更重要的是，可以使你的布局灵活地适应屏幕的要求。

栅格系统很灵活，可以改变尺寸满足布局的需要，其通过缩小或增加以百分比为单位的间距和宽度，使空间得到合理利用。另一方面，栅格系统也可以是非常严格的，这使得其非常适合自适应布局。

选择栅格

初次使用栅格系统，你可能会有一点被限制住的感觉。一方面，它致力于将设计工作从应付无数屏幕中解放出来，使之有接近完美的清晰结构和排列。另一方面，你的设计不再任由自己的想法进行扩展，这可能会使你感觉就像是被骗到牢房里站着。

你应该事先知道，虽然会有一些成长的烦恼，但使用栅格最终并不会是在监狱服刑。对于那些担心这一点的人，从现在开始，你的每一个设计创造，今后都将成为所谓"菱形变化（variations of a rhombus）"的产物，要知道这只是在表现你想法的方式上有所限制。

如果你从未使用过栅格系统，应该问自己几个问题：

- 栅格是固定的还是流动的？
- 该系统是如何做到"便携"的？我是否非要安装一整套JavaScript库和样式，才能使系统工作？
- 该系统是否能集成进其他框架？
- 是否支持 LESS ？
- 是否支持 Sass ？
- 能否自行构建？
- 是否有我认识的人已经开始使用？

小贴士

现今有很多流行的 JavaScript 框架。这些框架通过提供插件和快捷方式帮助开发人员更方便地完成工作。有一些库针对 CSS 提供了快捷方式、预处理、收尾处理、变量，以及更多用以帮助 Web 项目开发的内容。其中，LESS、Sass 和 Stylus 很受欢迎。如果你经常与 CSS 文件打交道，可以使用这些框架来提高你的工作效率。

设计时你还应记住一些其他事项，你有一个跨越多个列的内容，但并不意味着需要占用 100% 的可用空间。如果你这样做了，最终会创造出我们前面讨论过

的 "菱形变化"。创造性地使用占据 3/4 列的图片，仍然是一个不错的选择，并且还是一个打破设计对称性的方式。

> **小贴士**
>
> 栅格是一个指导——它不是绝对的。只要未雨绸缪，你应该（并且将要）有能力在不破坏网站的前提下，以创造性的方式来展现内容。

现在，你已准备好使用栅格，是时候来看一些栅格和你可以下载到并开始正确使用的栅格系统了。需要注意的是，现存有许多不同的栅格系统，并且有更多的框架包括栅格系统。在你在项目中决定使用其中之一前，请花时间做一些研究，并建立原型进行测试。咨询开发者也是不错的方法，参考他们对栅格的想法以及在具体系统中的实施情况。

Pure Grids

Pure 是一个流行的 CSS 框架，其目的是向开发人员和设计人员提供开发一个迷人的模块化系统所需的工具。Pure Grids（http://purecss.io/grids/）是创建你所需栅格系统的环境。Pure Grids 最有趣的部分之一是，它使用分数（fractions）来代替列数的设置。Pure Grids 还同时支持响应式和自适应布局，并允许你根据需要随意搭配。

Pure Grids 的使用与 Pure 完整库或仅仅引入样式表一样简单。你也可以访问 http://yui.github.io/gridbuilder/ 来创建拥有自定义突变点（breakpoints）的栅格系统。

Bootstrap

Bootstrap 是由 Twitter 创建的一个流行框架。你可能已经猜到了，它也有一个栅格系统。栅格系统包括在 CSS 中，可以访问 http://getbootstrap.com/css/ 获取可用性。在这里你会发现一个流式的栅格系统，可扩展至 12 列布局。它还包括了 LESS 样式，使你可以根据需要进行使用和修改。

Bootstrap 库是最初开始建立原型、个人网站或项目网站不错的选择。

Foundation

Zurb 公司的 Foundation 是我自从它推出以来一直关注的项目。Zurb 最初发布了一些优秀的模态（modal）/灯箱（light-box）和内容滑块（slider）的解决方案，我真的非常喜欢，所以当 Zurb 决定捆绑推出整个工具包并将其公开发布时，我十分高兴。目前，Zurb 允许任一部分或整个工具包的下载。Grid（http://foundation.zurb.com/grid.html）是工具包中的一个组成部分，用于创建一个流式 12 列栅格。类似于其他的栅格系统，可以偏移、嵌套各列，并通过 mix-ins 进行自定义（要注意的是，这些 mix-ins 基于 Sass）。

Gridpak

由 Erskine Design 创造的 Gridpak（http://gridpak.com/）是一个很棒的网站，支持根据你的输入来生成栅格系统。使用生成器很简单，只要输入列数、列的内边距，以及在特定突变点时的列间距宽度。拖动滑块到突变点的位置，然后单击按钮。当完成突变点创建时，你可以下载一个 zip 文件，里面有开始工作所需的一切东西，其包括以下内容：

- HTML Demo 文件
- 示例、开发环境和生产环境下的 CSS 文件
- 栅格的 PNG 图片，你可以在最喜爱的图像编辑器中作为遮罩使用
- LESS 文件（如果你使用 LESS）
- SCSS 文件（针对 Sass 开发者）
- 用于切换栅格可见性的 JavaScript 插件

Gridpak 是一个栅格使用入门不错的地方，如果你犯了一个错误，很容易创建一个新的栅格，然后再试一次。

Golden Grid System

Golden Grid System（http://goldengridsystem.com/）是由 Joni Korpi 开发的一个易于使用的 18 列栅格，旨在支持从小屏幕到比 2560px 更高分辨率的各种屏幕。Golden Grid System 下载后有以下内容：

- HTML Demo 文件
- 带有注释和样例的 CSS 文件
- LESS 文件
- SCSS 文件
- JavaScript 文件，展示了自适应无框架的基线网格

Frameless（Adaptive）

Golden Grid System 对于处理灵活的响应式布局是非常棒的，但是，自适应用户或许会需要一些不那么灵活的系统，Frameless（http://framelessgrid.com/）出现了。Frameless 系统也是 Joni Korpi 创建的，为不希望考虑系统比例而仅仅是以固定尺寸展示的设计者和开发者们提供的一种选择。它的设置相当简单，下载后有以下内容：

- LESS 文件
- SCSS 文件
- HTML 模板
- Photoshop 模板

Skeleton

Skeleton（www.getskeleton.com/）系统基于 960 栅格系统。它采用了类似 12 列系统的概念和布局，根据可用空间的大小很容易进行调整。Skeleton 已内置了许多媒体查询以帮助你适配特定设备，而不是集中于少数几个。

你可以从主站点选择下载一个 Photoshop 模板或包含以下内容的 zip 文件：

- HTML Demo 文件
- 三个 CSS 文件：基础样式、栅格和媒体查询
- favicon 的示例图片以及 iOS 设备的 icon

现在，已经向你介绍了一些栅格系统的例子，可以开始了解实际的使用了。

使用响应式栅格

你现在应该相当熟悉响应式 Web 设计这一说法了，你可能也已经看到一种争

论或所形成的两派：自适应布局对阵响应式设计。如果你曾经对两者的不同提出过疑问，那么让我来回答你。响应式设计具有弹性、灵活的特点，而自适应布局则是固定、静态的，或者在布局上体现出严谨。

事实

Ethan Marcotte 在 2010 年创造了响应式 Web 设计这个词。Aaron Gustafson 在 2011 年创造了自适应 Web 设计这个词，并在谈论它时用了另一个术语"渐进性增强"，其提出固定布局是移动优先的，并且是自适应 Web 设计的一部分。此后，出现了许多争论，集中在响应式和自适应哪一种布局方法更适合完成在移动设备上显示网站的任务。与其为争论火上浇油，还不如针对每个布局方法建立原型，看看哪一个更适合你的风格，更重要的是适合你的用户。

为了说明使用响应式栅格的意义，图 3.1 显示了在两种不同尺寸的屏幕上，呈现以响应式栅格建立的响应式网站。

图 3.1　一个采用响应式栅格建立的网站弹性填充视窗

最初开始使用响应式栅格似乎是比较自然。你在 Photoshop（或你首选的图像处理程序）中加载一个模板，然后开始调整网站的设计稿，期间一定要确保在栅格范围之内，并且留意空间和间隔。你的设计看起来很完美，于是将它切片或交给开发人员。然后你看到的原型令人瞠目结舌，那不是你设计的东西。

请记住，如果你一直在创造像素级完美的设计，那么你将需要打破这种习惯。这是一种响应式、弹性或灵活的设计。例如你的设计稿是专门为 320px 创建的，而突变点范围是从 0 到 480px，那么你需要考虑当该设计在 480px 的屏幕上显示时的情况。图 3.2 示意了在一个 480px 的设备上查看针对 320px 设备所创建的设计时会发生什么。

图 3.2   网站上的图片是精确的 320px，使得图片和文本的边缘空白区域错开了

如果设计有可能在渲染方面出问题，那为什么你依旧想用响应式栅格呢？我很高兴你问及这个问题。使用响应式栅格允许你回流那些并未针对你的屏幕做专门适配的内容，以及能够应对处理极端的网站边缘空白。图 3.3 展示了一个在 960px 时居中显示的网站，当在更大的屏幕上查看时，露出了上百像素的网站边缘空白。

图 3.3　如果没有响应式布局，该网站本身相比于边缘空白区域显得很小，且没有利用到屏幕空间的优势

在响应式布局中，你可以充分利用所有可用的屏幕空间。这将需要一些时间来适应，但你现在拥有了一个神奇的画布，可以根据你的观众来收缩或扩展。现在你必须考虑，无论用户将图片放到什么样的"画布"上，都要最好地呈现出你的设计。

对于那些在你所设计的突变点之间并不太适合的图像，可以通过添加纹理、背景色或者使用响应式图像技术，将图像恰当地展现在区域中。

根据快速列表思考一下响应式栅格的利弊。

优点：

- 能够使用所有可用的屏幕空间
- 允许内容回流，并保持在各列的边界内
- 可用于响应式图像技术，在不同大小的屏幕上显示艺术感一致的图像

缺点：

- 需要付出更多努力以确保当屏幕拉伸时设计依然有效
- 由于需要选择合适的图像，因此增加了维护成本

■　当试图进行灵活的设计时，它的学习曲线比较陡峭

如果你被开发人员使用的技术所局限，或者如果以一种灵活的方式不能很好地将你的设计组织起来的话，你可能需要使用自适应栅格系统。

使用自适应栅格

如前所述，自适应布局是基于固定宽度的列，通过媒体查询针对不同的屏幕尺寸进行变化。例如，你或许会创建一个在 600px 时的突变点而非 480px，并且创建一个以 320px 固定宽度的版本来匹配任意设备。这可以将你的设计居中，然后在周围显示装饰图案、覆盖物、背景或纹理。

自适应栅格可以帮助减轻从像素级完美的布局向流式布局转变过程中的困惑和无奈。虽然这种方法使屏幕空间出现了大片的空白，但这可以帮助设计人员习惯多屏开发的思路，不至于动摇他们以前使用的传统技术。图 3.4 展示了一个像是在移动设备上的自适应的布局。

图 3.4　采用自适应栅格可以让你的元素以"传统"的方式排列，内容与视窗之间具有较小的空隙

　　我听很多人说，自适应布局相比于响应式设计的全屏必杀技有点过时了。然而在实践中，我发现通过适当的规划，似乎较少地遇到困扰流式设计的"80 像素冷宫"问题，就是那种当设备处于极端的突变点时，网站看起来十分别扭的问题。你可能还需要将图 3.2 和图 3.4 进行对比。两者所示的是在相同的设备上浏览的同一个站点；然而使用自适应布局，在视窗边缘和主内容之间的空隙比较小。

　　另一种担心是，当你进行响应式设计时，这意味着正在失去把元素准确定位到你所想的位置的能力。当你开始使用栅格时，自然而然地会把一切放进列里面。但是你会发现，有些项目没有对齐，或者当它们对齐时看起来并不美观。图 3.5 展示了使用自适应栅格的网站标题部分，但有一些元素使用了绝对定位。

图 3.5　LOGO 和各种图标使用了绝对定位

根据快速列表思考一下自适应栅格的利弊。

优点：

- 通过媒体查询，可以让你尽可能接近像素级完美的布局
- 可能会更容易理解和实现
- 避免像素冷宫——当设计在极端设备或突变点重叠区域上被破坏的情况

缺点：

- 浪费了大量的屏幕空间和边缘空间
- 需要更多的突变点来填补空白

两全其美

你不必在沙子上画一条线并死板地选择单一风格。在某些情况下，根据设计的实际情况结合响应式和自适应这两种技术是非常明智的。

在针对小屏幕的设计中使用流式栅格可以帮助最大化利用空间，而针对大屏幕的设计可能会选择固定布局，以帮助素材信息的传递和展示。以下是一个例子，图 3.6 展示了一个网站从小屏到大屏设备上的观看效果。

图 3.6　在小屏上使用响应式设计，而在大屏上使用自适应设计——两全其美

小结

在本章中，你认识到栅格系统对你的设计是一个有用的工具，它将辅助你从

小屏设备到大屏设备的设计蓬勃发展。请记住，栅格不是牢笼而是工具，只有当它适合设计和用户时才有被利用和应用的价值。

你看到了许多可用于学习、创建原型甚至可以集成到项目中的栅格示例。

你还了解到，并非所有的栅格系统或设计是完全响应式的，它们可以被包含在自适应设计中。

第 4 章

显示表格数据

当创建一个新的网站或设计时，你会投入很多精力确保配色恰到好处或者使图像得到足够的重视，以使一切和谐共存。在所创造或销售的 "美景" 中，一些诸如显示数据表格的任务很容易被包藏在细微差别里面，成为最后一分钟的优先级。此前，这并不是一个太大的问题。你可以简单地把数据插入到表格中，屏幕也足够显示信息，或者用户可以滚动查看整个表格。当在移动设备上处理时，解决方案已经不再那么简单了。

在这一章中，你将学到一些不同的方法来处理表格数据，无须指望用户拥有巨大的屏幕而向其展示所有的数据。

定义表格数据

你可能已经对哪些有资格作为表格的数据有了自己的想法，但在某些方面你可能还没有考虑过。许多开发人员将表格数据定义为需要一个表格元素来正确呈现的数据。这类似于发票、收据和电子表格数据。如果你回想一下 Web、各种各样的 App，以及你访问过的网站，我敢打赌，它们大多存在某种形式的表格数据。尽管它们可能并没有按你的期望展现，甚至可能并没有被包裹在创建表格的实际代码中。下面的讨论划分了一些可能会用到的元素和数据，我将其归类为表格数据。

联系地址列表

有些设计做得非常好，以至于你即使知道正在看的是一个列表（它甚至可以排序），也觉得这是以一种很自然的方式来查看数据。并非所有的联系地址列表都是一样的，有些精雕细琢得甚至不觉得它们是一个列表。

有些列表创建出来就像是一个表格，它们有一行标题，数据则直接放置于下方。例如，你可能会发现包括姓名、电话和地址的标题列。其他列使用了图像，将联系人的名称覆盖在图像上。即便运用了本质上不同的方法，该数据仍然可以被认为是表格数据。

发票和收据

这几乎是不言而喻的，但大多数印刷或纸质的发票和收据都是表格数据很好的例子。它们包括了用行列展示的数据，其目的在于方便阅读和理解。

无论你拿起的是购物清单或者你正在向客户发送最新的发票，所显示的数据都是一个名称 – 值对，一个逐项清单，甚至是一个标签输入格式。

表单

当要购买任一网站的服务或商品时，用户都会被要求填写表单。幸运的话，表单设计得非常贴心，尽量问最少的问题，并清楚收集所需的信息。希望这包括

被认为是 "智能" 的字段，允许用户在一个字段中输入全名，而非填写到三四个分割开的字段中。这也是一个完美的表格数据例子。一组输入字段被规范为（或至少希望接近于）匹配的标签。事实上这些字段可能并不在一个表格中，但表单却的的确确是表格数据。

配方和卡片

健身网站、烹饪网站，以及展示美食和配方的博客也是表格数据很好的例子。一撮盐、少许红糖，以及各种配方都是表格数据，它可以帮助你确切知道每种原料的用量。

有些网站并不一定使用配方，但仍然含有表格数据。这些网站运用 "卡片"、"题板" 或者 "便笺" 来显示各种数据，可能是有人上传的一些数据，一个对于链接包含内容的描述，甚至是各种嵌入式文件或媒体。

类似 RSS 源那样的一些应用，以表格的方式显示新闻故事。通常，这些包括了一个图像、一个标题，以及一个摘要剪辑来介绍故事概要。它们中的许多甚至以将卡片折叠、翻转或旋转的形式来显示，通过在屏幕中的跳跃舞动以呈现更多的故事或条目。

电子邮件站点和应用

电子邮件本身的内容并不是典型的表格数据，但对于每个消息的编排、排序和显示选项却是表格数据。大多数电子邮件客户端、网站和应用，它们按行来列出消息，每一行整齐排列着标签、姓名和主题，随时准备供你总结，并决定是否删除、读取或归档。

使用表格数据

现在，你已经看到了一些表格数据的例子和模式，是时候来学习如何在移动设备上显示表单和表格了。

显示表单

我将从简单的内容开始：日常的输入表单。你可能对输入表单比较熟悉，但让我们涉及不同的部分，真正开始构建一个表单。每种表单一般由标签、输入框和提交类型元素组成。图 4.1 显示的是 Android 设备上的一个表单。

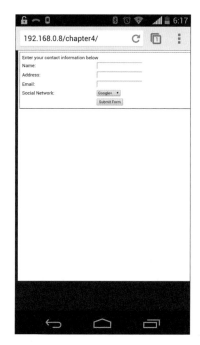

图 4.1　一个在 Android 浏览器中显示的联系人表单

从图 4.1 中可以看到表单有多个标签（名称、地址、电子邮件和社交网络）。还可以看到，可用多种类型的输入框（文本框、下拉选择框）。从表面上看，这是一个非常有用的表单，能够正常运行。这肯定是许多台式机和笔记本电脑用户常见的情况，但许多手机用户如果没有放大或缩小则将无法准确地使用该表单。图 4.2 演示了在相同的 Android 设备上，当文本框被轻触后会发生的情况。

由于输入框放大并出现了屏幕键盘，标签将不再可见。这就给正在填写表单而没时间记忆每个输入框对应标签的用户制造了一个大麻烦。

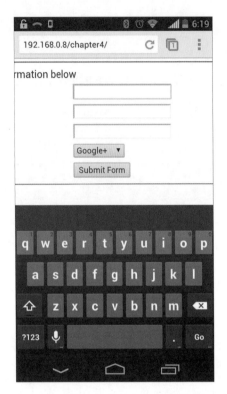

图 4.2   联系人表单上的输入框被触发后唤起了屏幕键盘并放大了屏幕

小贴士

　　由于大多数设备支持 placeholder 属性，你可能认为已不再需要标签了。在纸面上和设计稿上，这看上去很不错，但在实践中，这是一个会混淆和激怒用户的可怕想法，一个主要的原因是：placeholder 会在输入框处于录入状态时消失。在移动设备上，输入框被触发后唤起了屏幕键盘并放大了屏幕，而且用户将无法看到 placeholder。如果希望人们使用你的网站，请确保每个字段标签被清楚地标明。

　　怎样解决标签的问题呢？这其实很简单。确保你的标签在输入框的上方即可。图 4.3 是一个相同的表单，在移动设备上浏览时将标签展示在输入框的上方。

图 4.3　被激活的输入框对应的标签是可见的，使用户能够看到应该输入什么内容

现在，输入框看上去很不错，当你有多个表单在桌面上挨个呈现时，你又需要做些什么？如果按照第 3 章中的建议，希望你已经使用了栅格系统。清单 4.1 显示了使用 Base 栅格框架（https://github.com/dutsonpa/base）的两个表单标记。

清单 4.1　在 HTML 中使用栅格类的复杂表格

```
01 <div class="row clearfix">
02   <div class="col span_6 mo_full">
03     <table>
04       ...
05     </table>
06   </div>
07   <div class="col span_6 mo_full">
08     <table>
09       ...
10     </table>
11   </div>
12 </div>
```

由于构建了这些表单，它们将分别占据大约一半的可用屏幕空间。这对于大屏幕设备来说很不错，但对于小屏幕设备来说仍然存在问题。幸运的是，我们已有计划准备。在清单 4.1 的第 2 行和第 7 行，你可以看到，我已经加入了一个名为 mo_full 的类。这是为了缩小栅格系统样式差距而定义的实用工具类，它将在手机屏幕上显示 100%宽的元素。清单 4.2 显示了媒体查询和那个类的样式。

清单 4.2　媒体查询和类的 CSS

```
01 @media screen and (min-width: 0px) and (max-width: 479px) {
02   .mo_full {
03     width: 100%;
04     margin-left: 0;
05   }
06 }
```

通过在小屏幕设备上使用媒体查询，我可以让元素占据整个屏幕。这确实让用户不得不面对一个较长的页面，但对于可访问性，比起让用户使用每个输入框只能看到五六个字符的情况来说，这是一个更好的选择。图 4.4 展示了在大屏幕设备和小屏幕设备上看到的表单。

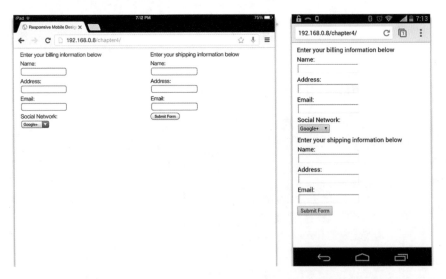

图 4.4　通过使用媒体查询，表单可以在不同设备上移动以提供更好的用户体验

现在你知道如何处理表单了，是时候来研究处理实际的表格了。

使用表格

从表面上看，表格看起来不像是一个大问题。它们的标记使它们很灵活，已经具备缩小和放大以适应内容的能力。由于这个事实，开发者曾使用表格并通过嵌套多表格来控制布局。大多数开发者都已经放弃使用表格布局，但他们在移动设备上仍然存在问题。

试想一下，我们有一个歌曲数据表格，显示排名、周排行榜、艺术家、专辑和歌曲标题。这在大屏幕设备上适配得很好，但在小屏幕设备上，它很快会成为一个烂摊子。图 4.5 展示了这个在大屏幕和小屏幕设备上显示的例子。我们如何处理这个问题呢？这里有几个解决方案：

- 通过 CSS 创建表格，然后用媒体查询来改变外观。
- 创建不同的表格，并基于媒体查询来切换可见性。
- 用一个表格下载按钮替换，将其链接到一个 PDF 文件。

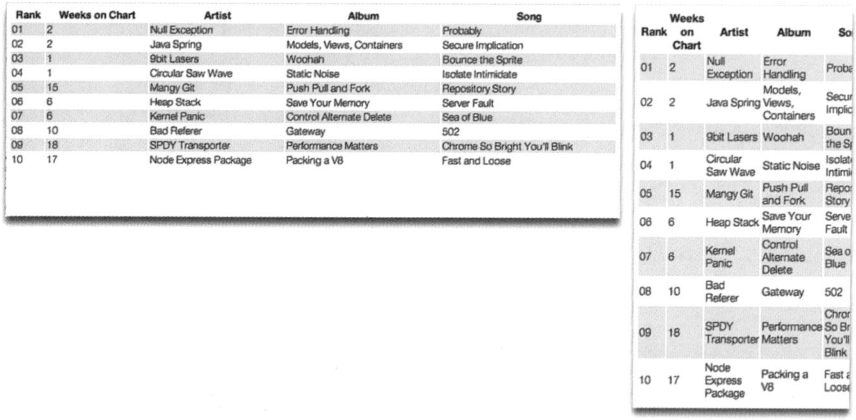

Rank	Weeks on Chart	Artist	Album	Song
01	2	Null Exception	Error Handling	Probably
02	2	Java Spring	Models, Views, Containers	Secure Implication
03	1	9bit Lasers	Woohah	Bounce the Sprite
04	1	Circular Saw Wave	Static Noise	Isolate Intimidate
05	15	Mangy Git	Push Pull and Fork	Repository Story
06	6	Heap Stack	Save Your Memory	Server Fault
07	6	Kernel Panic	Control Alternate Delete	Sea of Blue
08	10	Bad Referer	Gateway	502
09	18	SPDY Transporter	Performance Matters	Chrome So Bright You'll Blink
10	17	Node Express Package	Packing a V8	Fast and Loose

图 4.5　表格在大屏幕上很容易阅读，但在较小的屏幕上难以阅读

使用 CSS 改变外观

你可以不使用表格元素来建立并显示表列数据。相反，可以使用一些 CSS 来做到这一点。通过添加一些媒体查询，就可以改变样式，甚至隐藏一些信息以使其能够在移动设备上观看。清单 4.3 显示了我们可以使用的表格标记。

清单 4.3 表格的 HTML 标记

```
01 <div class="table">
02   <div class="row clearfix">
03     <div class="title col rank">Rank</div>
04     <div class="title col weeks">Weeks on Chart</div>
05     <div class="title col artist">Artist</div>
06     <div class="title col album">Album</div>
07     <div class="title col song">Song</div>
08   </div>
09   <div class="row clearfix alternate">
10     <div class="col rank">01</div>
11     <div class="col weeks">2</div>
12     <div class="col artist">Null Exception</div>
13     <div class="col album">Error Handling</div>
14     <div class="col song">Probably</div>
15   </div>
16   <div class="row clearfix">
17     <div class="col rank">02</div>
18     <div class="col weeks">2</div>
19     <div class="col artist">Java Spring</div>
20     <div class="col album">Models, Views, Containers</div>
21     <div class="col song">Secure Implication</div>
22   </div>
23   ...
24 </div>
```

在第 1 行，你可以看到一个 div 元素作为容器并给予了其一个类名 table。在第 2、9 和 16 行，展示了定义表格行数的 div 元素，这些由类名 row 定义。其他是类名为 col 的共同元素，这表示那些元素将被用来作为一列，并且每列还有一个 title。现在，HTML 已经到位，清单 4.4 展示了一份使得"非表格"就像是表格那样工作的 CSS。

清单 4.4 无须使用表格元素，使用 CSS 绘制表格

```
.alternate {background: #BFFFB3;}
.title {text-align: center;font-weight: bold;}

.col {
  border: 0px solid rgba(0, 0, 0, 0);
  float: left;
  -webkit-box-sizing: border-box;
```

```
  -moz-box-sizing: border-box;
  box-sizing: border-box;
  -moz-background-clip: padding-box !important;
  -webkit-background-clip: padding-box !important;
  background-clip: padding-box !important;
}

@media screen and (min-width: 0px) and (max-width: 479px) {
  .rank, .artist, .song {
    width: 32%;
    border-left-width: 0;
    padding: 0 1.5%;
    margin-left: 2%;
  }
  .weeks, .album {display: none;}
}

@media screen and (min-width: 480px) and (max-width: 959px) {
  .rank {
    width: 15%;
    border-left-width: 0;
    padding: 0 1.5%;
    margin-left: 2%;
  }
  .weeks {
    display: none;
  }
  .artist, .album, .song {
    width: 23.5%;
    border-left-width: 0;
    padding: 0 1.5%;
    margin-left: 2%;
  }
}
@media screen and (min-width: 960px) {
  .rank {
    width: 6.5%;
    border-left-width: 0;
    padding: 0 1.5%;
    margin-left: 2%;
  }
  .weeks {
    width: 15%;
```

```
  border-left-width: 0;
  padding: 0 1.5%;
  margin-left: 2%;
 }
.artist, .album, .song { width: 23.5%;
  border-left-width: 0;
  padding: 0 1.5%;
  margin-left: 2%;
 }
}
```

请注意，从最小到最大的样式已经到位。这遵循了移动优先的趋势，它允许我们使用一些样式作为全局性的设置，然后在每个媒体查询中微调风格。图 4.6展示了在两种不同的屏幕上是如何展现表格的。

图 4.6　根据观看设备的不同改变表格的外观

一个建立在该技术之上的更复杂的解决方案是，创建一个菜单，随着不同屏幕尺寸的变化，允许用户改变表格中需要显示的列。这使用户在同一时间访问整个表，虽然不是所有的数据。

创建多个表格

仅仅通过 CSS 来调整表格的布局可能解决不了问题，可能还是使用一个为适应不同的屏幕尺寸而设计出来的完全不同的表格更加好一些。如果你发现有这种情况，可以建立多个表格，然后赋予不同的类，通过媒体查询的样式来控制显示或隐藏。

清单 4.5 在 HTML 中创建了三个表格。清单 4.6 显示了通过 CSS 根据各种屏幕尺寸的变化，控制每一个表格的出现。

清单 4.5　在 HTML 中创建表格

```
<table class="small">
  <tr>
    <th>Name</th>
    <th>Username</th>
    <th>Extension</th>
  </tr>
  <tr>
    <td>Ronald Crimson</td>
    <td>r.crimson</td>
    <td>9001</td>
  </tr>
  <tr>
    <td>Breck Champ</td>
    <td>b.champ</td>
    <td>9009</td>
  </tr>
  <tr>
    <td>Ryan Timberland</td>
    <td>r.timberland</td>
    <td>9004</td>
  </tr>
</table>
<table class="medium">
  <tr>
    <th>Name</th>
    <th>Username</th>
    <th>Extension</th>
    <th>Department</th>
  </tr>
  <tr>
    <td>Ronald Crimson</td>
    <td>r.crimson</td>
```

```
        <td>9001</td>
        <td>Development</td>
     </tr>
     <tr>
        <td>Breck Champ</td>
        <td>b.champ</td>
        <td>9009</td>
        <td>Design</td>
     </tr>
     <tr>
        <td>Ryan Timberland</td>
        <td>r.timberland</td>
        <td>9004</td>
        <td>Marketing</td>
     </tr>
</table>
<table class="large">
     <tr>
        <th>Name</th>
        <th>Username</th>
        <th>Extension</th>
        <th>Department</th>
        <th>Manager</th>
     </tr>
     <tr>
        <td>Ronald Crimson</td>
        <td>r.crimson</td>
        <td>9001</td>
        <td>Development</td>
        <td>Ned Harokonnen</td>
     </tr>
     <tr>
        <td>Breck Champ</td>
        <td>b.champ</td>
        <td>9009</td>
        <td>Design</td>
        <td>Tino Downton</td>
     </tr>
     <tr>
        <td>Ryan Timberland</td>
        <td>r.timberland</td>
        <td>9004</td>
        <td>Marketing</td>
```

```
    <td>Garth Spaceman</td>
  </tr>
</table>
```

你在清单 4.5 中会发现，三个表格被创建并给予了 small、medium 和 large 的类名。通过使用清单 4.6 中的 CSS，可以改变表格显示的时机。

清单 4.6　在不同尺寸下，使用媒体查询显示和隐藏元素

```
@media screen and (min-width: 0px) and (max-width: 599px) {
  .medium, .large {display: none;}
}
@media screen and (min-width: 600px) and (max-width: 959px) {
  .small, .large {display: none;}
}
@media screen and (min-width: 960px) {
  .small, .medium {display: none;}
}
```

我们根据屏幕的大小使用 CSS 来显示和隐藏表格，该技术类似于用 CSS 创建和修改表格的方法。

> **警告**
>
> 多次创建诸如表格这样的元素，然后将它们通过 CSS 隐藏，并不会阻止浏览器发起请求并下载这些项目。如果你以不同的尺寸创建了三个版本的表格，三个表格都将被用户下载。根据发送给用户的表格结构和元素，可能造成过多的开销，并多出本不需要产生的许多请求。创建不同版本的元素或表格只能作为最后的手段。如果你要完全做到这一点，尽量减少你将创建的版本数量。需要注意的是，禁用了 CSS、屏幕阅读器或类似的辅助设备以及内容抓取的用户也将获得所有数据，并可能把它当成重复、过度或只是普通的问题。

使用下载链接

如果不能以最小化的方式显示表格，你可能想放弃应用任何样式，用链接代替表格，提供可下载版本的数据。这就像创建多个表格：与往常一样，你可以创

建表格，然后使用 CSS 的媒体查询更改表格的可见性。清单 4.7 显示了一份用于
创建表格和下载按钮区域的 HTML 代码。

清单 4.7　在 HTML 中创建表格和下载按钮

```
01 <div class="showmo">
02   <a href="directory.pdf" class="button">
03     Download the directory
04   </a>
05 </div>
06 <table class="nomo">
07   <tr>
08     <th>Name</th>
09     <th>Username</th>
10     <th>Extension</th>
11     <th>Department</th>
12     <th>Manager</th>
13   </tr>
14   <tr>
15     <td>Ronald Crimson</td>
16     <td>r.crimson</td>
17     <td>9001</td>
18     <td>Development</td>
19     <td>Ned Harokonnen</td>
20   </tr>
21   <tr>
22     <td>Breck Champ</td>
23     <td>b.champ</td>
24     <td>9009</td>
25     <td>Design</td>
26     <td>Tino Downton</td>
27   </tr>
28   <tr>
29     <td>Ryan Timberland</td>
30     <td>r.timberland</td>
31     <td>9004</td>
32     <td>Marketing</td>
33     <td>Garth Spaceman</td>
34   </tr>
35 </table>
```

请注意，在第 1 行中我将名为 showmo 的类应用到了 div 元素上。此类被命
名为 showmo，因为它触发了元素以显示在移动设备上。类似的类，nomo，已经
被应用到了第 6 行的表格元素上。nomo 类用于隐藏元素，或不显示在移动设备上。
不应用一些样式，两个元素都将在页面上可见。清单 4.8 展示了应用到 showmo
和 nomo 的媒体查询和样式，它们切换了表格和下载按钮的可见性。我同时也包
括了创建按钮的样式。

清单 4.8　创建按钮样式，并使用媒体查询显示或隐藏元素

```
a.button {
  width: 90%;
  margin: 0 auto;
  height: 40px;
  line-height: 40px;
  background: #09CC00;
  display: block;
  text-decoration: none;
  text-align: center;
  color: #fff;
  font-size: 125%;
  font-weight: bold;
  border: 2px solid #057300;
  text-shadow: 1px #333;
}
@media screen and (min-width: 0px) and (max-width: 479px) {
  .nomo {display: none}
}
@media screen and (min-width: 480px) {
  .showmo {display: none;}
}
```

样式非常少，因为下载按钮被显示的唯一时机是当该设备的宽度小于 480px
时。图 4.7 展示了在手机和平板上观看的页面。

图 4.7   在大多数平板、便携式或桌面尺寸的设备上，表格是可见和可访问的，但在
较小屏幕设备上被替换为一个下载按钮。

小结

在本章中，你了解到表格数据并不总是需要使用表格元素或以表格元素来标
记的。你还学到了显示表格数据的几种选项，包括改变表格的样式、添加多个表
格到页面，甚至删除表格用文件链接替代。

第 5 章

使用测量单位

创建页面布局常常涉及行高和字体大小，有时你需要运用不同的测量单位。即便你现在可能已经有了某种偏爱的测量单位，但其他测量单位也许更适合你当前的项目。

在本章中，你将学习到多种测量单位，包含像素、百分比、em 单位等。

在目前设备种类多样化的情况下，什么才是合适的单位？是否应该统一使用像素来度量？em 单位又如何？事实证明，很多不同类型的测量值都是可用的。

CSS3 中引入了多种新的测量单位，目前的现代浏览器也已较好地支持了它们。虽然对于未来这是个好消息，但也可能让你摸不着头脑：那些在你自己的电脑或移动设备上看起来如此优秀的设计，为什么在一些朋友的设备上却是破碎和畸形的。

让我们看看下面的测量单位并了解更多的相关知识：

- 像素
- 百分比
- em 单位
- rem 单位
- viewport 单位

使用像素

至此，你已经熟悉了像素这种测量单位。在我自己的 Photoshop 中，也设置像素为默认的测量单位。

在设置 CSS 值时像素也是常用单位。请看下面的代码片段：

```
.logo {
  width: 180px;
  height: 40px;
}
```

width 和 height 属性的值以像素为单位。这些绝对单位非常适合处理静态尺寸的元素，如图片以及像素级完美的布局。

像素使用方便且经典，依然得到广泛使用。那么像素有什么问题呢？例如，1 个像素并非有相同的尺寸。正如 Scott Kellum 在 A List Apart 的一篇文章（http://alistapart.com/article/a-pixel-identity-crisis/）中指出的，缩小一些像素值可能是一件非常困难的事，特别是考虑到物理设备像素时。一部分原因是一个像素可能不总是一个正方形；此外，多种像素密度在不同的物理设备中，像素大小并不是同样的物理大小。这是否意味着你不应当使用像素呢？答案是否定的，这只意味着在使用像素时你需要谨慎一些。特别是在移动设备中这一点尤为重要。如果你是使用 CSS 进行样式设计的新人，使用像素作为入门会给你一个良好的开端，因为这是向后兼容的方法，而且更新型的浏览器会补偿大多数测量值误差。

iOS 的 Safari 浏览器为使用像素进行布局和设计提供了良好的示范。当开发者创建了一个设计，且没有在 HTML 的 meta 标签中设置设备宽度时，iOS 浏览器会默认分配 980px 的 viewport 宽度。要注意的是，这并不是设备像素的数值，而是页面模拟像素值。通常情况下这是一个相当安全的尺寸，然而，如果你有一个 1140px 下的网站，浏览器将不会显示全网站的内容。这是因为模拟的 980px 小于你创建的 1140px。图 5.1 展示了这种情况下在 iPad 上的页面呈现效果。

图 5.1　在 iPad（左）横向视图中，导航栏不可见且主体文字被切断，迫使缩放页面以查看完整内容。在 Android（右）视图中，可见的内容则更少

如图 5.1 所示，网站没有被完整展现。iPad 屏幕右侧显示了一些文字，这提示用户可能需要通过平移或滑动来查看其余内容。缩放等级在 iPad 上没有改变，所以只显示了 980px 的内容。

然而，在手机中有更多的问题：甚至 980px 的网站内容也不被显示。取而代之的是，手机通过缩放来尝试使网站易读。第 6 章将专门讨论处理这类问题的方法，但现在你可以看到，使用像素作为唯一的测量格式会在布局中引起许多问题。

使用百分比

百分比通常用于适配 CSS 中的多种元素布局和字体大小，其是栅格系统能够良好工作的部分原因。

这是因为百分比在某种程度上比较抽象。你已经知道 100% 的某个区域指覆盖所有这片区域。但你可能没有注意到的是，根据你设置的盒子模型，为样式为 ==width:100%== 的元素两边设置 1px 的边框并没有占据可用空间的 100%；实际上占用了 100%+2px 的可用空间。

> **小贴士**
>
> "标准"的盒模型考虑了元素的 padding、border，并指定宽度值来决定元素的实际占据空间。例如，某个有 960px width、1px border 和 10px padding 的元素会占据 982px（960px+2px+20px）的空间。这 2px 来源于两边各自 1px 的 border。20px 的额外空间来自两边各自 10px 的 padding。这对于 CSS 新手来说可能是令人沮丧的。幸运的是，你可以通过修改你的 CSS 样式来改变盒模型渲染网站的方式。通过添加 box-sizing:border-box，可以让计算宽度时不再将 padding 和 border 的大小算入其中。要获取更多样式前缀信息和浏览器兼容信息，请访问 https://developer.mozilla.org/en-US/docs/Web/CSS/box-sizing。

另一个容易产生误区的问题是在子元素上使用百分比。子元素，顾名思义就是嵌套或包含在某个元素中的元素，比如，在一个 <div> 标签里，有一个 <p> 标签和一个 <img> 标签，那么 <p> 标签和 <img> 标签就是 <div> 的子元素，请注意下面这段 HTML 代码：

```
<body>
<header>
    <img src="images/logo.png" alt="my logo" />
    <nav>
      <ul>
        <li>Home</li>
        <li>About</li>
```

```
    </ul>
  </nav>
    Text in the header
  </header>
  <section>
    <p>Working with percentages</p>
  </section>
  <footer>
    <p>Text in the footer</p>
    <p class="special">Special footer text</p>
  </footer>
</body>
```

现在添加一些使用百分比的样式，如下所示：

```
body {
  font-size: 100%
}
header {
  font-size: 80%
}
nav {
  font-size: 150%
}
section {
  font-size: 100%
}
footer {
  font-size: 80%
}
.special {
  font-size: 80%
}
```

以上这些 CSS，应该能反映出在布局和样式渲染上的潜在问题。图 5.2 展示了百分比是如何被应用的，以及如何影响页面上文本的渲染。

根据百分比单位应用于子元素的原理，footer 内文字呈现为默认字体大小的 80%；然而 special 类内的文字更小。事实上，它显示为初始 80% 的 80%。该类型错误可由多个子元素的传递，以及调整容器元素的字体大小而变得更为严重。

图 5.2　子元素继承百分比，使一些文字比原始设计的要小一些

　　另一个可能被忽略的区域是，在导航区域中的文字尺寸。即使它看起来大于周围的文字，它其实不是以默认文字大小的 150% 显示的，而是以 header 元素中设置的 80% 为基准的 150%。

　　为了简化，当百分比作用于父元素下的子元素时会产生叠加效应，因此很难获得 HTML 结构中元素的实际尺寸。

　　百分比看起来像是一个可怕的想法而绝对不能使用（尤其是在考虑到字体大小时）。但其实你可以放心使用，只要你牢记避免嵌套。如果你没有办法非要嵌套的话，那一定要正确地进行计算，这样你才不会对所得的百分比感到惊讶。

　　当我对字体大小使用百分比时，我设置 body 元素的基本字体大小，然后使用类来更改给定元素而非容器元素的字体大小。下面的代码片段展示了 CSS 的实现：

```
body {
  font-size: 14px;
}
.small {
  font-size 80%;
}
.normal {
```

```
  font-size: 100%;
}
.big {
  font-size: 150%
}
.large {
  font-size: 200%
}
.massive {
  font-size: 300%
}
```

通过类（class）来调整字体大小，可以改变任何元素，包括使用 span 元素来改变单个词或句子的大小。

如果你不想使用百分比，但想使用另外有助于响应式文本的测量单位，可以使用 em 单位。

使用 em 和 rem 单位

如你所见，像素是一个绝对度量单位，百分比则根据上下文环境而定。em 单位是另一种基于上下文环境的内容度量方式。

em 单位曾有一段时间被设定为字母 M 在给定字体下的高度值。然而现在，1em 相当于一个单位的父级元素字体大小。

也就是说，如果有一个 section 元素，且被赋值为 16px 的字体大小，它包含一个字体大小为 1em 的 p 元素，那么 p 元素将被赋予 16px 的字体大小。

警告

你应该听过如果某个元素没有设定字体大小，那么 1em 就是 16px。这通常是一个安全假设，但不完全正确。不仅用户有权修改浏览器默认字体大小，浏览器自身也会改变默认字体大小。这将严重影响你的设计和字体呈现方式。当使用 em 单位时，你可以通过直接"重置"父级对象元素字体大小以确保每个使用 em 的子元素按预期呈现。

还记得那个使用百分比会出现潜在问题的例子吗？ em 单位也存在同样的问题。也就是说，如果你想嵌套任何元素或者尝试使用新的 em 样式，其最终尺寸将基于当前应用的样式而非基础样式或根样式。

想象一个设为 16px 的父级元素有一个 0.8em 的子元素，子元素中有另一个 0.8em 的元素。该第二个元素将不会以 0.8em 显示，而是以 0.8em × 0.8em 的大小显示，也就是以原始父级元素的 0.64em 的大小显示。图 5.3 可帮助你更好地理解这个问题。

图 5.3   如同你在百分比单位中所见的一样，em 单位也是叠加计算的，会使布局产生意外效果

值得我们以及时代庆幸的是，有一个解决方案来处理嵌套 em 单位的问题：   "root em"，或叫作 rem 单位。

rem 单位作为 CSS3 规范的一部分被引入。通过 DOM 树回溯到 html 元素，以此作为测量的基本单位。如果你不熟悉 DOM 回溯，简单的解释是，无论赋予什么尺寸，html 都将作为测量的基本。这可以帮助你处理叠加且看似混乱的尺寸。

随着浏览器的发展，对 rem 的支持做得也比较好。下面列出支持的浏览器：

- IE 9+
- Firefox 3.6+
- Safari 5.0+
- Opera 11.6+
- iOS Safari 4.0+
- Android Browser 2.1+
- Blackberry Browser 7.0+
- Opera Mobile 12.0+
- Chrome for Android 32+
- Firefox for Android 26+
- IE Mobile 10+

几乎在所有的现代浏览器（甚至部分老旧的浏览器）上，你都能针对任何设计使用 rem 单位。确保使用站点统计工具，检查是否有用户还在使用不支持的浏览器，其目的是不要让任何人看到一个破碎且不可用的网站。如果你发现你必须支持老旧设备，最好转换用像素作为测量单位。

图 5.4 说明了为什么用 rem 单位能解决 em 单位带来的问题。

viewport 测量

现在你知道像素是有局限性的，但这对于不同设备来说并不意味着有相同的境遇。你也知道百分比、em、rem 单位在处理布局和字体大小时，从某种程度上说是不可预测

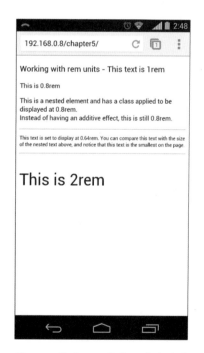

图 5.4　使用 rem 单位，嵌套元素不再以叠加方式计算

的。有一个更佳的解决方案来处理屏幕测量。

viewport 测量就是你要找寻的答案。你可以用 CSS 中的 vw、vh、vmin 和 vmax 四个测量单位。

当使用 vw 和 vh 时请记住：

- 1vm = viewport 宽的 1%
- 1vh = viewport 高的 1%

为了更全局地设置，可能要转换使用 vmin 和 vmax：

- 1 vmin = 1vm 和 1vh 中的最小值
- 1 vmax = 1vm 和 1vh 中的最大值

为了在你的样式中使用，需要将它们赋予一个元素或类。以下片段展示了如何操作：

```
.large {
 font-size: 5vw;
}
.small {
  font-size: 3vh
}
```

要记住，因为每个单位都是基于 viewport 的宽或高，所以它们也会随着屏幕改变而改变。这将导致一些副作用，比如当显示在宽屏幕上时，上面创建的 .small 类会和 .large 类差不多大（甚至更大一些）。图 5.5 说明了这个问题。

小贴士

　　viewport 单位听起来很好，但是也有很多缺陷。例如，IE 9 使用 vm 代替 vmin，这导致了样式复杂度的增加，也影响浏览器兼容性。另外一个问题是，如果组织不合理，某些元素会变得很小以致完全难以辨认。还会出现的问题是，并非所有的浏览器都能随屏幕尺寸的变化触发字体改变。在这些情况下，你需要重载页面或触发"paint"事件。

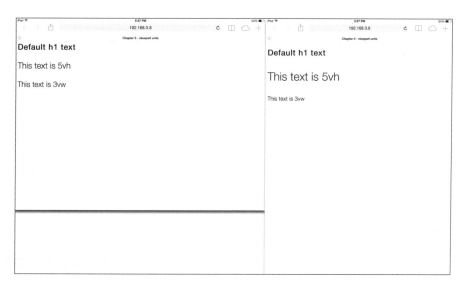

图 5.5　纵向放置，文字大小与类名相匹配；横向放置，文字大小趋于相同

文本尺寸可能比较棘手，但当以元素来看时，测量就可以比较简单地理解了。为了看清这个问题，给出以下部分 HTML 代码，用它可以创建文本区域和侧边栏：

```
<div class="main">
  <p>
    This element is inside of an element that has been given a
    size of 70vw
  </p>
</div>
<div class="sidebar">
  This is a sidebar that is 25vw
  <ul>
    <li>Item 1</li>
    <li>Item 2</li>
    <li>Item 3</li>
  </ul>
</div>
```

以下是做到响应式布局的 CSS：

```
.main {
  width: 70vw;
  float: left;
}
```

```
.sidebar {
  width: 25vw;
  margin-left: 75vw;
}
ul {
  margin: 10px 0 0;
  padding: 0;
}
```

　　我已经创建了两个元素，并赋予 `.main` 元素 70vw（记住这大概为屏幕的 70%）。我赋予 `.sidebar` 元素 25vw（同样，大概为屏幕的 25%），同时我用 CSS 样式设置了 75vw 的左边距，来分隔每个元素的内容。将样式应用于 `ul` 元素来重置该元素的样式。图 5.6 展示了在平板电脑和手机上所呈现的同一网站。

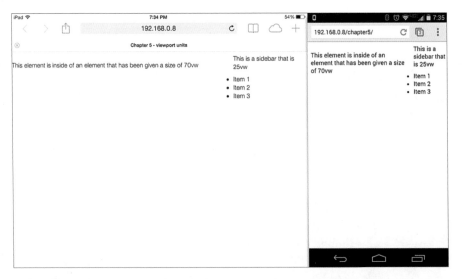

图 5.6　在 iPad（左）和 Moto X（右）上，网站调节 vm 测量单位以适配屏幕

　　无论你决定是否在元素、按钮或文本尺寸上使用 viewport 测量单位，了解有哪些浏览器支持都是非常重要的。注意，你要避免使用一些单位，比如 `vmax`，因为它几乎不被支持。下面是已支持浏览器的列表：

- IE 9+（IE 9 使用 `vm` 替代 `vmin`，并且诸如 IE 10 仍然不支持 `vmax`）
- Firefox 19+
- Chrome 20+（20～25 不支持 `vmax`）

- Safari 6+（6.0 不支持 vmax）

- Opera 15+

- iOS//Mobile Safari 6+（在 6.0 - 7.0 中，vh 单位表现出古怪的行为）

- Android Browser 4.4

- Blackberry Browser 10+（10.0 不支持 vmax）

- Opera Mobile 16+

- Chrome for Android 32+

- Firefox for Android 26+

- IE Mobile 10+（10.0 不支持 vmax）

小结

在本章中，你学习了可以在字体大小和元素上使用众多的测量单位。一些测量单位，诸如像素，是固定的，并不适合于流式和灵活的类型。另外一些，诸如百分比和 em 单位，可以在大多数浏览器上使用，只要你在使用时注意它们的叠加特性，就可以提供灵活的字体大小控制。

不论你是为将来设计还是只针对使用老旧浏览器的客户，现在知道应该如何在布局和样式上使用尺寸，提供有效的解决方案了吧？

第 6 章

使用媒体查询

媒体查询在 CSS2 中就存在，用来针对不同的媒体指定所要应用的样式。原来，当为渲染页面的站点和打印机定义样式时，这些属性被设置成 media="screen" 或 media="print"。

当今的媒体查询则大量涉及奇妙而有益的途径，允许根据浏览站点时的屏幕宽度来应用样式。这并不意味着宽度是你可以使用的唯一表达形式；其他的表现形式，例如颜色深度、像素密度，甚至屏幕宽高比，也可以在媒体查询中使用。

如果你曾经涉足 HTML 的编写，无疑应该看到过类似下面这样引入 CSS 文件的方式：

```
<link rel="stylesheet" type="text/css" href="/style.css" media="screen">
```

这种单行片段是对文件（在本例中为 style.css）的引用，当网站在"屏幕"中显示时该文件将生效，类似的代码能够将样式应用到打印机上，如下：

```
<link rel="stylesheet" type="text/css" href="/print.css" media="print">
```

如果你没有涉足过 HTML 代码，但也许看过 CSS 文件的内容，你可能还记得看到过像下面所示的代码：

```
@media print {
  body {
    font-family: Helvetica, Arial, sans-serif;
    color: #000;
  }
}
```

你可能已经认识到，这个代码片段为打印机设置了基本的样式。不管你相信与否，这其实是一个媒体查询。它可能与你听到"媒体查询"这个词时所想的不一样，但这是一个介绍媒体查询及其如何工作的绝佳例子。

流行的媒体查询推动了当今的响应式和自适应网站，其植根于根据屏幕尺寸和像素密度而应用的样式。对于让这些在移动设备上正常工作，必须启用一个 meta 标签以使屏幕尺寸能够被正确辨认和使用。

viewport meta 标签

在第 5 章中，我们了解到像素并不总被测量得一致，尤其是涉及移动设备时。viewport meta 标签可使开发人员能够控制如何在设备上显示页面，并帮助应对处理小屏幕。

移动版 Safari 浏览器是第一个实现这个标签的。其他浏览器也已迅速支持，即便不是全部也已经在大多数现代浏览器上实现。

　　meta 标签（或元素）由元素本身和两个属性组成。name 属性通知浏览器 meta 元素的类型。content 属性内所填写的内容指导浏览器如何显示视窗内的页面。

　　空的 viewport meta 标签如下所示：

```
<meta name="viewport" content="">
```

　　为了使浏览器根据标签做事，你需要把一些信息放到 content 属性中。表 6.1 列出了可以在 viewport meta 标签里使用的属性。

表 6.1　viewport meta 标签中使用的属性和值

属性	描述	取值
width	设置 viewport 的宽度。可以使用像素值或 device-width，以允许设备根据浏览器匹配的屏幕尺寸设置宽度	320 或 device-width
initial-scale	定义了页面出现时的缩放比例。1.0 表示以 100% 标准缩放比显示页面；1.5 则表示显示为 150%	1.0, 2.0
maximum-scale	确定 viewport 可以被放大的最大值。设置该项可限制用户的手指缩放范围	2.0, 8.0
minimum-scale	确定 viewport 可以被缩小的最小值。设置该项可限制用户的手指缩放范围	0.25, 3.0
user-scalable	确定是否允许用户进行缩放。默认值是 yes；如果设置为 no，则不允许用户进行缩放	no

小贴士

　　推荐允许用户进行缩放，因为很多用户都希望放大阅读文本、仔细查看图片，甚至"重新格式化"布局以忽略侧边栏或广告。然而对于一个 Web 应用，你可能希望禁用缩放，因为它可能使你的应用很难被理解或使用。如果你决定限制用户的缩放能力，请确保你的设计采用大号文字和按钮来弥补你的限制对无障碍性的影响。

现在，你已经看到了一些可能的设置项，可能认为，通过设置宽度和缩放值，就可以保证用户进入完美的网站视图。在你忘乎所以之前，请记住像素可能并非你想的那样。

由于设备、屏幕分辨率和像素密度的多样性，以下是推荐的 viewport meta 标签的写法：

```
<meta name="viewport" content="width=device-width, initial-scale=1.0">
```

使用这个 meta 标签，允许设备以其报告给浏览器的可用宽度查看页面，并且如果用户愿意，允许他们更改缩放设置。为了说明这一点，图 6.1 展示了一个网站是如何基于加入的这个标签来加以呈现的。

图 6.1　meta 标签缺失会导致察看时出现显著的问题，如缺少导航（左）。当包含有该标签时，网站缩小并且导航可见（右图）

这将使你的响应式设计真正拥有响应式的行为。该设备的宽度将触发媒体查询并基于此改变网站的呈现方式。

想要了解更多关于 viewport 标签的信息，可访问 www.quirksmode.org/mobile/metaviewport/。

实现突变点

随着响应式和自适应设计的深入人心，当谈到媒体查询时都会想到突变点（breakpoint）的实现和使用。

突变点加上 viewport meta 标签，允许针对不同屏幕以不同的方式应用样
式。

媒体查询有优秀的浏览器支持。以下是完全支持媒体查询的浏览器列表：

- IE 9+
- IE Mobile 10+
- Firefox 3.5+
- Firefox for Android 26+
- Chrome 4+
- Chrome for Android 32+
- Safari 4.0+
- iOS Safari 3.2+
- Opera 9.5+
- Opera Mini 5.0+
- Opera Mobile 10.0+
- Android Browser 2.1+
- Blackberry Browser 7.0+

使用媒体查询

一开始接触媒体查询时，可能感到技术上有些混乱。这并不奇怪，它确实有
点像技术炼金术。我觉得上手的最佳方式是潜心实验。看看下面媒体查询的示例：

```
@media screen and (min-width: 0px) and (max-width: 480px) {
  /* Styles go here*/
}
```

该媒体查询为屏幕设置一个突变点，宽度介于 0 到 480px 之间。这是通过
设置各种条件来完成的。首先是 screen，它适用于任何带屏幕的设备。其次是
min-width：0px，第三是 max-width：480px。当这些条件都满足时，则执
行括号中的代码。

这由以 @media　screen 开头的媒体查询来确定，它告诉你以下信息将被应

用到具有屏幕的任何设备上。接下来，你可以看到，括号中的两个部分包含 min-width 和 max-width 值。这两个属性值确定了所支持的最小屏幕和最大屏幕。

请注意，设置之间是用 and 连在一起的。这就像一个连写句，针对突变点的设置，允许使用多个设置进行评估。

然后在媒体查询括号内添加样式来完成样式的应用。下面是带有一些样式的媒体查询：

```
@media screen and (min-width: 0px) and (max-width: 480px) {
  body {font-family: helvetica, arial, sans-serif;font-size: 16px}
  h1 {color: #3333FF;font-size: 150%;}
  p {font-style: italic}
  a {color: #00CC00}
}
```

图 6.2 显示了这些样式是如何呈现在手机和平板电脑上的。

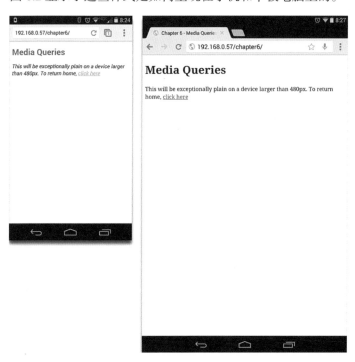

图 6.2　手机（左）具有一个介于 0 到 480px 宽的屏幕，允许应用样式（包括使用斜体文本）。平板电脑（右）比 480px 更宽，因此没有应用样式

　　如图 6.2 所示，媒体查询中定义的样式并没有被应用到平板电脑上。这是因为，平板电脑的屏幕宽度为 600px，超出了媒体查询条件 480px 的限制范围。

　　这就是使用突变点既有趣又令人沮丧的部分原因。考虑到这个问题，有几种不同的方法来创建 CSS 文件。我发现的最成功的结构是保持移动优先的方法，再做一些轻微调整就可以了。

　　首先，定义全局样式。这包括元素的样式和实用工具类或通用类。请记住，"通用"部分中的任何样式将被应用到所有设备。

　　接下来，定义小屏幕上的突变点。这通常是对于宽度在 0 到 480px 之间的设备，涵盖了大多数手机和其他类似的设备，例如便携式媒体播放器。

　　然后定义中型屏幕。这取决于项目，但一般包括从 481px 到 959px 宽的屏幕。你需要微调这个范围，因为它涵盖了非常广泛的区域，你可能会考虑截取中间一部分范围以满足你的需求。

　　大屏幕的媒体查询定义在 960px 到 1399px。这包括了大多数的横向平板，以及大多数笔记本电脑和台式电脑。

　　超大屏幕设备的媒体查询覆盖了 1400px 以上的任意设备。这涵盖了大多数高分辨率显示器和电视屏。

　　清单 6.1 展示了一个带有可以使用的突变点的示例文件的内容。

清单 6.1　定义突变点的示例 CSS 文件

```
body {
  font-family: "HelveticaNeue-Light", "Helvetica Neue Light",
  "Helvetica Neue", Helvetica, Arial, "Lucida Grande", sans-serif;
  font-weight: 300;
}

/* Consider using intrinsic ratio instead of the following for
image scaling */
img {
  max-width: 100%;
```

```
  vertical-align: bottom;
  height: auto;
  border: none;
}

/* Utility Classes */
.bold {font-weight: bold;}
.center {text-align: center;}

@media screen and (min-width: 0px) and (max-width: 479px) {
  /** Styles for 0-479 (small) screens **/
}

@media screen and (min-width: 480px) and (max-width: 959px) {
  /** Styles for 480-959 (mid) screens **/
}

@media screen and (min-width: 960px) and (max-width: 1399px) {
  /** Styles for 960-1399 (large) screens **/
}

@media screen and (min-width: 1400px) {
  /** Styles for 1400-infinity (xlarge) screens **/
}
```

从清单 6.1 的顶部开始，全局样式被应用到 body 和 img 元素上。然后定义了实用工具类 .bold 和 .center。这些类将对所有的屏幕尺寸可用，因为它们不是在任何媒体查询中专门定义的。接下来是文件中包含突变点以针对各种屏幕尺寸的部分。在每个媒体查询里面是一个注释，解释了放置在突变点中的样式会产生的影响。请注意最后一个媒体查询：它不包含 max-width 属性，而是只包含 min-width 属性。这是因为它涵盖了上述最小尺寸以上的任何屏幕。

图 6.3 展示了如果你在每个媒体查询中对 body 元素应用更改背景的样式，那么各个设备的背景将发生怎样的改变。

另一种媒体查询是某种像素密度屏幕专用的，即使它与突变点不相关你也可能会发现其很有用。它使你能够为像素密度比 2.0 以上的屏幕单独加载图像（如拥有视网膜屏的 iPad 和 iPhone）。

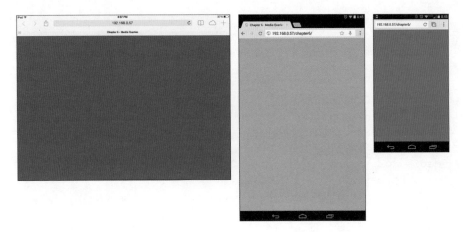

图 6.3　每个屏幕的背景颜色都不同，因为样式存在于不同的媒体查询中

加入以下代码片段，你可以放置针对高分辨率设备上所显示图像的声明：

```
@media only screen and (-webkit-min-device-pixel-ratio: 2.0),
 only screen and (min-moz-device-pixel-ratio: 2.0),
 only screen and (min-device-pixel-ratio: 2.0) {
 /* styles for Retina displays go here */
}
```

这个媒体查询与其他的有点不同，它使用了不同的属性。only 属性使旧的浏览器（不太可能存在于高像素密度设备中的浏览器）忽略这一媒体查询。还要注意的是，在这个查询中使用的条件看起来有所不同，因为它们引用了实际的设备，而不是像在以前的片段中那样的 viewport 宽度。如果设备的浏览器太老旧或任一条件都不符合，样式将不会被渲染。

该查询还包含了一些浏览器的前缀，允许基于 WebKit 的浏览器，如 Safari，和基于 Mozilla 的浏览器，如 Firefox，来依浏览器指令读取和运用媒体查询。

min-device-pixel-ratio 属性用来作为开始应用这些样式的测量值。该数字被用作所应用的样式和设备呈现页面的实际像素比率之间的比较值。

以下 CSS 代码片段示意了在高像素密度设备下背景图像被替换：

```
.demo {
 background: transparent url(../images/bg_low.jpg) no-repeat;
```

```
  width: 320px;
  height: 100px;
}

@media only screen and (-webkit-min-device-pixel-ratio: 2.0),
only screen and (min--moz-device-pixel-ratio: 2.0),
only screen and (min-device-pixel-ratio: 2.0) {
  .demo {
    background: transparent url(../images/bg_high.jpg) no-repeat;
    width: 320px;
    height: 100px;
    background-size: 320px 100px;
  }
}
```

请注意，在片段中使用的图像路径要相对于项目路径。对于自己的项目，你应该使用绝对路径或引用完全合格域名的文件。图 6.4 展示了在高像素密度设备和低像素密度设备上的媒体查询结果。

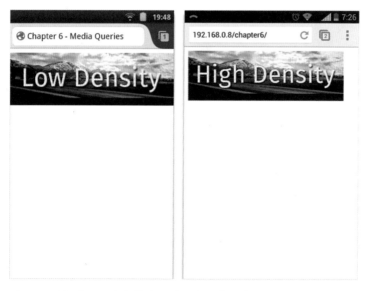

图 6.4　图像被呈现在低像素比（左）和高像素比（右）的设备上。根据像素比率的媒体查询改变图像的显示

根据网站访问设备的统计，你会发现最好是针对主流设备来设置特定的媒体查询，而不是使用跨越不同 viewport 尺寸或与其他设备关联的查询条件。

IE6-8 浏览器支持

你可以利用一些 polyfill 来支持媒体查询。我自己使用最多的是由 Scott Jehl 开发的 RespondJS（https://github.com/scottjehl/Respond）。

你可以在 CSS 文件中直接或有条件地包含这个 polyfill，它支持 IE6-8 使用媒体查询。请注意，并非所有的媒体查询（如嵌套的媒体查询）都被支持。有关已知问题的完整列表以及实施指南，可以查看 GitHub 页面上的说明。

设备专属的媒体查询

面对特定的设备往往令人沮丧，尤其是当你试图把重点放在特定的 iPad 上，而并非所有的 iPad。有时候，在项目中面对特种设备是必然的。在创建企业项目时就会出现这种情况，所有用户将使用特定的平板电脑或手机。你可以创建同一个网站，然后使用媒体查询针对设备定制网站的用途和外观，而不必在服务器上区分这些设备，建立不同的页面或网站。

另一个例子是，当你想创建网站的按钮或导航时。很多 Android 用户习惯使用应用程序抽屉式菜单访问可用的选项。相同的原理适用于 iOS 用户，他们习惯使用位于屏幕底部而非顶部的常用按钮。

针对特定设备是可能的，但需要知道目标设备的宽度和高度以及像素比率。以下是主流设备的一些媒体查询。

> **小贴士**
>
> 当使用设备专属的媒体查询时，该样式将不会在另外的设备上工作，除非在屏幕尺寸和像素比率（如果包括的话）上完全匹配。在尽可能多的实际设备上进行测试。

iPad

iPad 是一个有趣的目标设备，因为它们中只有部分包括了高像素密度屏幕。

然而有一个关于这些差异的好消息：你可以使用一个通用的媒体查询来匹配

所有的 iPad，或添加一个检查目标像素比率的选项，来微调匹配目标。

匹配 iPad 1、2 和 Mini（第一代）：

```
@media screen
and (device-width: 768px)
and (device-height: 1024px) and (-webkit-device-pixel-ratio: 1) {
  /* add styles here*/
}
```

匹配 iPad 3、4、Air 和 Mini（第二代）：

```
@media screen
and (device-width: 768px)
and (device-height: 1024px) and (-webkit-device-pixel-ratio: 2) {
/* add styles here*/
}
```

要匹配所有的 iPad，你可以从第一个代码片段中删除 and(-webkit-device-pixel-ratio: 1)。这消除了像素密度的条件，以使所有的 iPad 能够使用包含于该媒体查询中的样式。

iPhone 4S 以下

可以根据最小宽度 320px 和最大宽度 480px 两个条件，使用媒体查询来匹配 iPhone 2、3 和 4。还可以根据设备的纵向或横向方位，设定一些特定的样式的值。

忽略屏幕方向的因素，匹配 iPhone：

```
@media only screen and (min-device-width: 320px) and (max-device-width:
➥480px) {
  /* add styles here */
}
```

匹配纵向的 iPhone：

```
@media only screen
and (min-device-width: 320px)
and (max-device-width: 480px) and (orientation: portrait) {
  /* add styles here */
}
```

匹配横向的 iPhone：

```
@media only screen
and (min-device-width: 320px)
and (max-device-width: 480px) and (orientation: landscape) {
  /* add styles here*/
}
```

iPhone 5 和 5S

iPhone 5 和 5S 与之前的 iPhone 机型相比，拥有更长的屏幕，所以它们需要使用不同的媒体查询。与其他 iPhone 所使用的媒体查询一样，可以根据设备的方向设置样式。

同时匹配横向和纵向的 iPhone 5 和 5S：

```
@media only screen and (min-device-width: 320px) and (max-device-width:
➥ 568px) {
/* add styles here*/
}
```

匹配纵向的 iPhone 5 和 5S：

```
@media only screen
and (min-device-width: 320px)
and (max-device-width: 568px) and (orientation: portrait) {
  /* add styles here */
}
```

匹配横向的 iPhone 5 和 5S：

```
@media only screen
and (min-device-width: 320px)
and (max-device-width: 568px) and (orientation: landscape) {
  /* add styles here */
}
```

Nexus 7（第二代）

Nexus 7 是目前最流行的 Android 平板电脑之一。其第二代在第一代的基础上在增加分辨率和像素比率上进行了改善。

忽略屏幕方向的因素，匹配 Nexus 7（第二代）：

```
@media screen and (device-width: 600px) and (device-height:
912px) {
  /* add styles here */
}
```

请注意，使用 device-width 和 device-height 测试确切的像素值。这使得其他设备不太可能触发该媒体查询。

Galaxy S4

Galaxy S4 具有独特的屏幕分辨率。其宣称有 $1080 \times 1920px$，但由于像素比率，实际上在纵向呈现时为 320px 宽、640px 高。

匹配 Galaxy S4：

```
@media screen
and (device-width: 320px)
and (device-height: 640px) and (-webkit-device-pixel-ratio: 3) {
  /* add styles here */
}
```

伴随着众多的设备，存在成千上万种分辨率。作为设计师或开发者，最好尽可能彻底地进行测试。除非你需要一个非常特殊的样式，否则最好使用一定的范围来涵盖各种可用的分辨率。

一些优秀的资源可以帮助你确定设备的宽度和高度以及像素比率。通过在桌面、平板电脑或移动设备上访问 http://mqtest.io 和 http://ryanve.com/lab/dimensions，可以帮助你为网站编写媒体查询。

小结

在本章中，你了解了媒体查询的起源和如何使用它将样式应用到特定的设备。你还了解到现代浏览器（包括移动浏览器）已经兼容了媒体查询。

此外，你学习了 meta 标记，以及其在媒体查询中所扮演的角色。最后，学习了如何针对特定设备使用特定的媒体查询。

第 7 章

排版设计

印刷设计师已经被人们熟知多年，他们更多地侧重于设计而非选择颜色和调整蒙版和元素。好的设计需要一个微妙并饱含信息量的钩子，其传达出俏皮、认真、疯狂，甚至异想天开。

排版设计有助于弥合设计中闪耀与暗淡部分的差距。这有助于吸引用户并让他们瞬间感觉到产品或服务。在移动设计中，选择正确的字体是取得成功的关键。

Web 字体

作为一名设计师，你可能经常会发现，你的理想字体并非在每个设备和浏览器上都可用。

你可能会在亲自设计和开发一个网站的过程中得到这个可怕的经验，例如开发者向你展示设计的最终实现效果时，你几乎昏厥过去，因为所选择的原始字体被渲染得令人憎恶，使得 Comic Sans 字体看起来反而依稀可取。

你可能甚至已决定放弃在整个网站中使用完美字体的斗争，并选择在设计的特殊部分用图像代替。

你告诉自己，这将帮助你在晚上安然入睡并拯救世界上所有的问题。你的用户一定会看到你投入到产品名称、主题形象，以及各种行动引导按钮上的努力。

不幸的是，随着设备像素比率的增加，网站上的普通文字现在变得清晰和锐利，而文字"格式化后"的图像则向用户提供了不佳的体验，因为它们呈现出模糊的字体、粗糙的边缘，以及跟 8 位视频游戏那样的像素。

然而不要绝望：你有了一个答案。几年前，这种场景解决起来几乎是不可能的，或甚至只存在于"需要正常工作的设备之外的任何设备和浏览器"上。但现在你有一个有效的解决方案：Web 字体。

Web 字体有不同的格式，以便浏览器可以下载并使用它们。它们还有一些兼容性的注意事项。有多种服务可以帮助你正确地实施，保证你使用的是优质的字体。

字体格式

在 Web 上使用的字体与你电脑上的字体相似但不同。你的计算机也许可以使用 TrueType、OpenType 字体，甚至是 PostScript 字体，但当涉及 Web 时，支持字体的情况很大程度上取决于解析它的浏览器。

常用的格式有 TTF、EOT、WOFF 和 SVG。

TTF

自 20 世纪 80 年代以来，TrueType（TTF）字体格式一直存在，其持续流行得益于 Windows 和苹果系统的支持。

几乎所有的现代浏览器都兼容这种格式，只有 Opera Mini 和 Internet Explorer（包括 IE Mobile）无法使用该格式。

另外值得一提的是，OpenType 字体（OTF）文件可以与 TTF 文件互换使用，并具有相同的浏览器支持。

要查看目前哪些浏览器支持 TTF/OTF，请访问 http://caniuse.com/ttf。

EOT

微软创建了嵌入式 OpenType 字体（EOT），以此帮助通过 Web 来分发字体。该字体基于 TrueType 字体，然后通过转换过程创建其 EOT 的版本。

这种格式被作为 Web 字体的官方格式提交，但 W3C 最终拒绝了它，并以 WOFF 格式取而代之。

因为 EOT 格式是由微软创建的并未能成为网页字体的标准，它只兼容 Internet Explorer 的桌面版本。在写这篇文章的时候，尚未有任何版本的 IE Mobile 支持 EOT。

WOFF

W3C 的成员和开发商决定将 Web 开放字体格式（WOFF）作为 Web 字体交付的标准。

作为商定的 Web 字体交付标准，WOFF 被主要的最新浏览器所支持，除了 Opera Mini。

目前，WOFF 的 1.0 版本已经被批准，并考虑在 CSS3 中完整体现。WOFF 的 2.0

版本草案已于 2014 年开始起草。其提案包含发送版本 1 和 2 的格式，以提高浏览器的支持度，以及包括新的压缩算法和数据预处理，以减少冗余。

要查看目前哪些浏览器支持 WOFF，请访问 http://caniuse.com/woff。

SVG

可伸缩矢量图形（SVG）格式被广泛用于需要保留清晰度而不考虑像素密度的图标和图像上。

许多意见都觉得，这个特定格式并不适合作为主要的字体，而更适合为无聊的屏幕添加一些新颖别致的装饰。

iOS 4.2 之前的移动 Safari 浏览器，使用 Web 字体的唯一方法是使用 SVG 字体。目前，许多浏览器都支持 SVG 字体，尽管 Firefox 已经决定把重点放在 WOFF 上，并没有增加对 SVG 字体的支持。Internet Explorer 和 Opera Mini 也不支持 SVG 字体。

浏览器和设备支持

我经常听到这样的观点："魔鬼在细节中"。当要处理无数的设备及在其上运行的浏览器时，这种表述是相当准确的。将 Web 字体整体纳入并不是问题，它是让一切顺利工作的小细节。

根据设备所使用的软件和浏览器，你可以看到一些不同的行为。

设备差异

众所周知，iOS 和 Android 是操作系统，但你是否知道它们有一些默认的系统字体？以下列表显示了一些在各个平台上使用的系统字体。

- iOS: Helvetica Neue
- Android: Droid Sans、Roboto
- Firefox OS: Fira Sans、Fira Monotype

- ■ **Tizen:** Tizen Sans
- ■ **Mobile Ubuntu:** Ubuntu、Ubuntu Monotype

> **小贴士**
>
> 　　移动 OS 不可能只限于一两个系统字体。例如，iOS 与 OS X 有许多相同的字体。要查看可用的 iOS 设备字体列表，请访问 http://support.apple.com/kb/HT5878。

有一个你可能不知道的有趣事实，在以上列出的字体中，除了 Helvetica Neue 字体其他都是开源字体，可以自由下载和使用。你可能已经听说过 "网络安全字体"：这些字体被安装在许多操作系统中，因此可以 "安全地" 在任何系统上使用。随着越来越多的移动设备进入市场，安全字体列表也发生了变化。建议你在定义 font family 时使用多种字体，以便浏览器有后备字体可供选择。这方面的一个例子是 Chris Coyier 的 Better Helvetica（http://css-tricks.com/snippets/css/better-helvetica/）。可以在你的项目中随意混搭自己的字体。

当浏览器找不到系统字体时，有一些会使用内部字体列表。这可能不是一个问题，但当你期待的衬线字体网页突然由非衬线字体渲染时，你可能会感到惊讶。

为了说明 font family 是如何工作的，图 7.1 显示了在不同操作系统上渲染的页面。你可以看到字体是如何根据设备支持产生变化的。

图 7.1　基于系统规则在 iOS（左）、Android（中）和 Firefox OS（右）上显示的字体

如图 7.1 所示，每个操作系统用各自支持的字体显示文字。 Android 不支持 Helvetica Neue 或 Fira Sans，所以它使用了备用字体来显示文本。如果你使用了通用 Web 字体，那么每个设备将显示相同的字体。

正如前面提到的，一些浏览器，比如 Firefox 的移动版本（包括 Android Firefox 浏览器），把非衬线字体作为默认字体，而不是传统的衬线字体。

图 7.2 显示了当使用 Web 字体时，页面是如何在不同的设备上被渲染的。

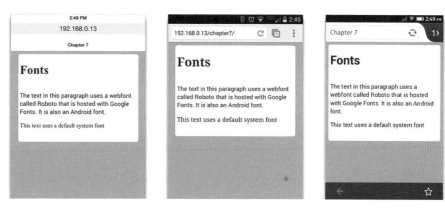

图 7.2　中间部分文字在每个 OS 中被显示为相同的字体，尽管页眉和页脚文本按默认系统或浏览器字体进行显示

浏览器行为

不同的设备可能不支持你想使用的字体，你还不得不担心浏览器的支持。

> **小贴士**
>
> 　　Opera Mini 不支持 @font-face。这应该不会太令人吃惊：该浏览器是专门针对功能性手机市场的，而非智能手机市场。

正如你在本章前面所了解到的，几乎每个现代浏览器都支持 Web 字体。然而，仅因其支持并不意味你就可以雀跃，并在你的设计中尽可能多地使用字体。

你不应该马上抛弃你所有的理性并用多种字体来打造网站（否则这最终会像是在赎罪）的原因是，每个 Web 字体都有隐形的代价。这个代价就是数据量。

你可以辩解使之合理化，移动用户访问你的网站是在家里用着宽带，而不是在商店或咖啡馆，或与朋友外出时，因此它不需要做到数据量足够小。当然，你错了，但你可能还会感觉相当良好。

密切关注所想使用的样式和将被下载的文件数量对于移动用户是至关重要的，他们可能要额外等待 1~3 秒钟来加载字体。

举个例子，OpenSans 字体包括了粗体、粗斜体、超粗体、超粗斜体、斜体、细体、细斜体、普通、半粗体和半粗斜体。一种字体有 10 个不同的样式。如果通过可用的最小版本的字体格式（在这种情况下是 WOFF）来制作，将给页面增加额外的 232KB 数据量，连同 10 个 URL 请求，预计每个请求需要 200~1000ms 加载时间。

做一些快速的计算，若包括 OpenSans 字体的各种样式，你可能最终向你的页面添加了超过 10 秒的加载时间。对于移动用户来说，这个时间大致相当于订购一个比萨饼，发表一篇关于你最喜爱的节目的更新的长度。

这可能是一个极端的例子，并且许多字体可以将多个样式合并到一个请求中。但是我要提出这一点，是因为我在一个选用了超过 12 种字体的单一 Web 项目中工作过。

这对于电子商务网站特别重要。一项发表于 2014 年的研究（http://programming.oreilly.com/2014/01/web-performance-is-user-experience.html）发现，Etsy 网站每增加 160KB 图像，其跳出率就会增加 12%。这项研究已经关注到了图像跳出率，但可联想到与排版直接相关的样式和呈现：如果由于等待下载样式而导致页面无法加载，用户仍然会感到沮丧并且离开。

> **小贴士**
>
> 有许多资源可以用于测试你的网站速度。有些比其他的包括了更多的测试，但一定要访问以下网站获取信息和工具，以监控和改善你的网站速度：
>
> ■ PageSpeed Insights (http://developers.google.com/speed/pagespeed/insights/)

- GTmetrix (http://gtmetrix.com/)
- Pingdom Tools (http://tools.pingdom.com/fpt/)
- Sitespeed.io (www.sitespeed.io/)
- WebPageTest (www.webpagetest.org/)
- SpeedCurve (http://speedcurve.com/)
- Torbit (http://torbit.com/)

这种情况的解决方案是限制使用字体资源的数量。如果你能使用字体的常规和粗体样式，那就这样做；跳过那些只会使用一次的多种字体或样式。

尽量减少使用多种 Web 字体的另一个重要原因是，如果你使用了包括复杂字型（会增加字体文件大小）的字体，并将其作为网站文本的字体，用户可能会感到网站中没有任何文本。这是因为只有等到字体下载完成并初始化后文本才会被显示。

为了避免这个问题，可以在 body 元素上指定一两个备用字体，然后通过一个类来应用专业字体。这可能会导致该页面"忽悠"或突然发生改变，因为文本会先应用一个字体，然后当 Web 字体下载完后突然发生变化。除非你的设计绝对依赖 Web 字体，否则当用户查看网页时，这是一个向用户提供内容的手段。

提供 Web 字体

当你看中了所想使用的字体，并已决定了分发格式，你需要使用 CSS 来告诉浏览器如何使用字体。

用于包括自定义字体的 CSS 规则是 @font-face。此规则允许你指定想在网站中使用的字体。以下示例包括了 OpenSans 系的常用字体：

```
@font-face {
  font-family: 'open_sansregular';
  src: url('OpenSans-Regular-webfont.eot');
  src: url('OpenSans-Regular-webfont.eot?#iefix')
➡format('embedded-opentype'),
       url('OpenSans-Regular-webfont.woff') format('woff'),
```

```
        url('OpenSans-Regular-webfont.ttf') format('truetype'),
        url('OpenSans-Regular-webfont.svg#open_sansregular')
➥format('svg');
  font-weight: normal;
  font-style: normal;
}
```

从 CSS 代码片断中提取相关的技术，@font-face 规则创建并包装了 font-family、src、font-weight 和 font-style 属性。src 属性均指向相对于 CSS 文件的字体文件（在本例中由于没有规定特殊路径，字体文件与 CSS 文件在相同的目录下）。font-weight 和 font-style 被用于设置字体的默认值，并且可以根据自己的风格而改变。

现在字体已经设置，你需要创建一个类来使用字体并将字体应用到现有的元素上。下面展示了如何通过使用 CSS 类 .open-sans {font-family: 'open_sansregular';} 应用字体。

现在，类 open-sans 可以应用到不同的元素，并用 OpenSans 普通字体对它们进行修饰。如图 7.3 所示，一个段落用字体样式修饰，另一段使用默认字体。

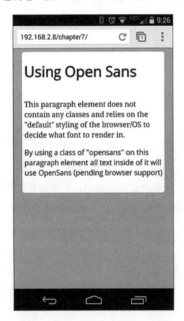

图 7.3　第一段文字没有应用自定义字体，但下面一段文字应用了自定义字体

使用字体服务

　　使用托管字体服务的好处是,这些服务使用内容分发网络(CDN)从离用户更接近的服务器上响应字体文件请求,理论上比你的 Web 服务器速度更快。另一个好处是,如果用户已经从一个提供者处加载过字体,它可能仍然被缓存在浏览器中,所以你的页面将无须用户等待字体下载就能进行显示。

Google 字体

　　Google 提供的网络字体服务,目前已拥有超过 600 种字体集,包括衬线字体、非衬线字体、显示器字体、手写字体和等宽字体等。

　　可以访问 www.google.com/fonts 浏览和搜索字体目录,并在集合中添加你喜欢的样式。当创建一个集合后,你可以查看样本标题、段落或自定义文本示例。然后可以调整包含在字体请求中的样式数量,并查看对页面加载的影响。

```
<link href='http://fonts.googleapis.com/css?
family=Duru+Sans&text=SpecialTxt'rel='stylesheet' type='text/
css'>
```

Adobe Typekit

Adobe 从一开始就致力于字体事业。为继续保持其传统的字体优势，Adobe 公司已经收购并维护了一个名为 Typekit 的字体服务。

Typekit（最初由 Small Batch 创建，并于 2011 年被 Adobe 收购）的目标是成为一个跨平台、跨浏览器的服务，以帮助设计师实现他们心目中的精确设计，同时克服手工管理字体的障碍，使之重新部署运行于你的网站之上。

因为这是一个高级服务，有几个方案可供选择。免费计划适用于每月页面浏览量小于 25 000 且仅有两种字体的用户。如果你是刚开始使用字体服务，这是一个用来起步的不错选择。

付费计划相当实惠，范围从 24 美元到 99 美元一个月，流量和字体数量也随之增大。

访问 https://typekit.com/ 可了解更多信息。

Fonts.com

类似于 Typekit，Fonts.com 提供了超过 150 000 种不同的字体，可供在网站上使用。该服务计划让你自己掌握字体，下载并在你的计算机上使用字体，并使用 CDN 向用户提供文件。它还提供了一个分析包，以帮助跟踪用户和管理字体。

可用的其他服务，如托管品牌字体，可能会使那些与外包合作且不想为文件分发操心的商业和企业用户感兴趣。

类似于 Typekit，允许你为每个项目或网站挑选字体，然后无须改变很多站点代码就可以发布修改。

他们的计划从免费到每月 100 美元，允许用户注册并在签署长期服务协议之前尝试该服务。

Font Squirrel

如果你正在寻找一种可供选择的字体供应商，提供多种免版税的商业用途字体，Font Squirrel 可能是你最好的选择。

Font Squirrel 为桌面、应用、Web Fonts 等提供字体。你可以通过类型进行筛选，甚至浏览列表使用"几乎免费"的字体。

其中一个最好的功能是 Web 字体生成器（www.fontsquirrel.com/tools/webfont-generator）。它允许你从电脑上传字体，然后允许微调控制以创建适合 Web 发布的字体。

需要注意的是，Font Squirrel 维护了一个许可限制字体黑名单，不允许你制作黑名单中的 Web 字体。

icon 字体

当使用字体时另一个可考虑的是 icon 字体。最近，许多开发者已经使用 SVG 文件来创建 icon，并应用 SVG filters 滤镜来实现效果和动画。

在支持 SVG 滤镜和动画的浏览器上使用 SVG 文件来生成图标是一个不错的想法，但这种支持是有限的。相反，你可以使用包含 icon 和 logo 形状的字体。届时在网站上包含这种字体，你可以应用适用于标准文本的任何 CSS；还可以使icon 与网站文字一同缩放。

这意味着，网站图标可以应用颜色、阴影、分层，使用 em 单位，以及更多可用的属性。这也意味着，你不必担心在高像素密度的设备上得使用 @2x 图标。

然而你也应该意识到，icon 字体有一些潜在的隐患。icon 字体通常局限于纯色。这也许不是一件坏事，但你的字体还可能与设计的其余部分相冲突。icon 字体还可能闯入其他字体的保留区域。由于编码原因，虽然在你本地机器上可以正常渲染，但其他语言环境下的用户可能会在本应显示 icon 的位置看到方框、问号，甚至是巨大的 X 符号。

使用 icon 字体的最简单方法是去 IcoMoon（http://icomoon.io/）。从那里，你可以注册服务，创建并提供自定义 icon 字体，或者你可以使用 IcoMoon 应用。该应用是一个帮助你从各种图标中挑选并制作字体的工具，针对不支持 icon 字体的设备，可以通过生成的 PNG 文件来作为备用解决方案。

小结

在本章中，你学会了如何在 Web 上使用专门的字体。你学到了可用的方法，来确保所有设备都将能够加载你的字体，还探索了支持各种 Web 字体格式的浏览器。

你调研了可利用的各类分发字体服务。

你还发现了一些诸如 icon 字体的解决方案，许多浏览器支持以此类方式显示 logo 和 icon。你发现了 IcoMoon 服务，其通过 PNG 文件提供了一个备用的解决方案。

第 8 章

改造现有网站

不管你是否作为一名自由职业者正在为自己而工作，或是在公司打工，甚至在设计工作室里当兼职，有时候你将被要求接手一个现有的网站并让其在任何设备上运行正常。

这看上去可能很过分，但也绝不是不可能实现的。在这一章中，你将学习如何选择合适的布局，如何利用网站组件，以及在接触移动端时应牢记的一些重要问题。

　　转换的进程开始后，我完成了三方面的基本工作。针对当前的设计，我一开始按现有的设计创建了一个块级布局，然后对每个组件进行处理，最后，在功能上进行添加和微调，使移动体验更令人愉悦、使用更方便、更本地化。

　　当在现有的设计基础上工作时，你需要确定布局。响应式的设计布局能够实现一个流式和灵活的网站，而自适应方法可以帮助你轻松完成流式布局，因为当你把设计意图告诉基于媒体查询（media query）的控制逻辑，其便能提供在布局上像素级完美的元素。你最终可能同时使用了响应式和自适应设计元素的混合布局。

选择一个合适的移动布局

　　大多数需要转换到移动设备上的网站，已被设计适配到宽度在 960px 到 1140px 之间的屏幕。随着 iPhone 5 的最大可见分辨率在纵向已经达到 320px × 568px，横向达到 568px × 320px，你需要做许多抉择。还需要注意的是，可见分辨率是由实际像素数除以像素密度比率得到的（视网膜屏幕的比率为 2，所以 640px × 1136px 的像素分辨率就变成了 320px × 568px 的可见分辨率）。

块级布局

　　有许多途径可以进行设计创作：你可以拿出速写本、铅笔和原型模具，或任意地拖拽应用。然而，我从事改造工作时所凭借的方法则是标准的块级布局。

　　如果你不熟悉块级布局，最简单的方法就是看看你网站的接缝。以此为出发点帮助你识别块级元素，可以参考下面的清单：

- 网站头部
- 侧边导航条
- 正文区域
- 网站尾部

　　请看一个实例，图 8.1 显示了我是如何将一个站点分解为多个块的。

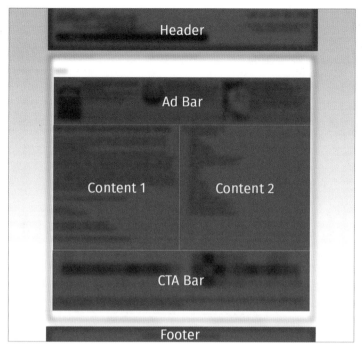

图 8.1　将网站以内容块进行分组，你可以很容易地发现网站的重要区域

　　随着页面被分解成块，你可以发现每个块所包含的内容，包括搜索区域、导航和小部件等组件。这很有用，因为这可以使你将网站继续分解为更小的块，并重新安排内容以进行适配。图 8.2 示意了块是如何变化以支持在较小屏幕上展现页面。

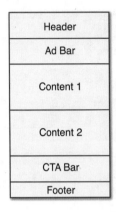

图 8.2   通过重新安排内容块，可以直观地看到网站是如何适应不同屏幕的。请注意，
一些区域可能在尺寸上发生变化

尽管所有区块都可见，但并非都有实际尺寸。你需要根据内容的多少以及呈现方式来改变这些区块。同样需要重点提醒的是，你仍然需要与 "坑" 做斗争。移动设备使得填坑变得复杂，这是由于你无法可靠地定位到坑究竟在哪儿。如果你的网站接入了分析页面（ Google Analytics、Adobe Omniture 或其他类似服务），你应该能得到一份设备分辨率列表，并为你的大多数用户构建一个适宜的用户体验。

你可以使用各种各样的方法来创建布局，甚至可以用纸片进行创意，通过切割出你想要的大小并写上组件名称。使用块级布局的要点是，基于设备屏幕来观察站点，看页面是如何流动（flow）和响应（react）的。

现在，你有了一个粗略的布局，现在该决定是要拥抱响应式布局还是自适应布局的时候了。

响应式布局

要知道，使用响应式布局意味着一切都需要是流动的，它能够尽可能多地利用有效的像素空间。

这种布局很少或几乎不会浪费屏幕面积，但它也通常保有足够的留白，以使用户头脑冷静，避免感觉像是被迫进入了一个山洞，以致在幽闭恐惧症发作之前开始在纸袋中吸气，最终猛击浏览器关闭按钮，然后走向开阔的空间。

选择响应式布局意味着你现在需要考虑以下几点：

- 灵活的百分比布局或基于 em 的布局，以及随屏幕宽度而变的间距
- 文本可能会在奇怪的地方换行
- 图片需要被替换，或允许缩放
- 忍受一个不再是像素完美的设计

> **小贴士**
>
> 　　em 单位是页面 body 基本测量单位的当量，默认值为 16 像素。由于不必担心实际的像素值，这对于快速进行布局调整很有帮助。

图 8.3 演示了一个网站是如何从大屏幕过渡到小屏幕的。

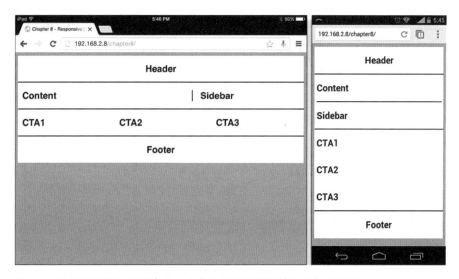

图 8.3　当过渡到更小的屏幕时，内容和图像区域保持边缘相互贴近

完全拥抱一个响应式解决方案是困难的，需要认真规划，以及具有为设计、用户体验和用户交互团队的奉献精神。需要注意的是，在设计中，CTA 的意思是引导行动（Call To Action）。区域设计的目的是吸引用户点击而去查看详细信息，或引导他们到网站的指定区域。

自适应布局

利用自适应布局进行设计，可以让人习惯于依屏幕尺寸而变化的设计思路的同时，也交还了一些控制权给你的设计。这是因为自适应 Web 设计的锁定宽度流。

响应式布局提供的是一种尽可能最大化的体验，而自适应布局使你有能力实现像素级的完美。在每个突变点上，为你的内容区域设置一个最大宽度，然后将外间距扩张直至匹配到下一个突变点。

图 8.4 展示了自适应布局是如何在各尺寸间变化的。

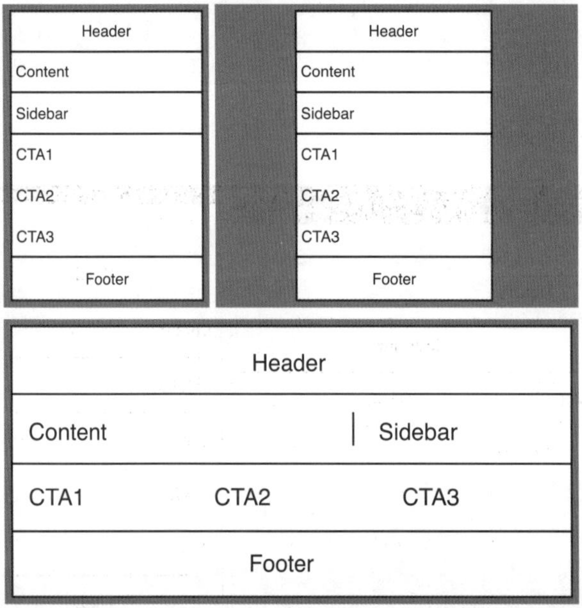

图 8.4   在该设计中，开始是贴近屏幕边缘的（左上），但由于屏幕尺寸增加而导致外间距扩张（右上），直到触发下一个突变点而重新布局（底部）

如果你是一个追求像素级完美的设计师，这种方法可能是最佳的，因为它与你现有的页面流更兼容，这会让你觉得你正在为同一个网站按不同的尺寸构建实物模型。

不管你决定使用什么布局，都需要确定出一种方式来处理包含在网站每个块中的所有组件。

利用组件开展工作

网站的任何部分都可以抽象成组件。它们有时是一些简单的元素，有时则是一组元素，搜索框、导航菜单，以及滑块都是元素的范例。

当创建移动应用或网站的微缩版本时，你需要考虑在每个元素身上会发生什么变化。

导航

不管你目前的导航系统如何优秀，你几乎不可避免地需要为适配较小的设备而做出改变。

你可以把导航换行显示；然而，这往往看起来显得草率和懒惰。不过，如果导航是基于文本的，且能对齐并平衡文字，使得这一行看上去是经过设计而非偏重一侧的话，这还算是一个有效的做法。如果你的导航依赖于悬停状态或大型菜单，你将需要创建新的系统或方法以支持操作所有的链接。

当你压缩导航时，你应该考虑另外两种方法。首先是使用下拉（drop in）菜单，其次是使用画布外侧滑（off-canvas）解决方案。这两种解决方案都需要使用菜单按钮或图标来替换掉文本的位置。

> **小贴士**
>
> 你可能会立即想到代表菜单的"汉堡包"图标。这可能对你有效，但来看一项研究，其测试了汉堡包图标、文字菜单以及带有圆边框而酷似按钮的文字菜单（http://exisweb.net/mobile-menu-abtest）。研究结果发现，相比其他选项，用户更为适应于酷似按钮的文字菜单。

运用下拉菜单要求使用多个图层，并注入一段响应单击或轻触事件的代码块，或者使用 CSS 类来改变内容区域的高度和可见性。

使用外侧滑导航解决方案也是相似的，但它是通过动画将菜单滑出呈现内容的。这应该已经被你所熟悉，因为它是 Facebook 在其移动应用中所实现的一种解决方案，同时也在 Google 的许多产品中作为唤起菜单的方法。 Google+ 和 Google Music 使用了这种类型的导航，以支持访问设置、播放列表、图片、群组等选项。

　　由于每个项目都是不同的，因此你需要考虑各个突变点，以应对当网站导航从文字变为菜单的变化。图 8.5 展示了在不同尺寸下导航发生变化的网站。

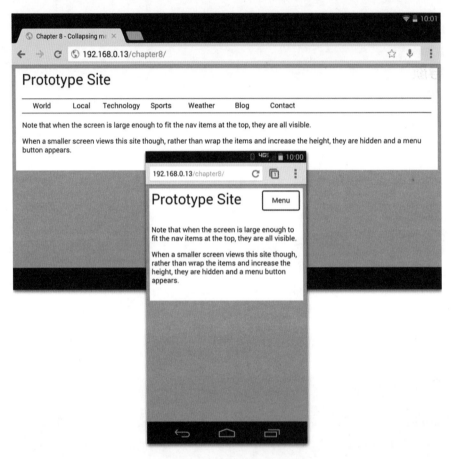

图 8.5　当在较小的设备下浏览网站时，导航发生了变化，其被隐藏直到触发菜单按钮才会展开

一些插件可以帮助你实现外侧滑导航：

- Foundation Zurb (http://foundation.zurb.com/docs/components/offcanvas.html)
- Twitter Bootstrap (http://getbootstrap.com/examples/offcanvas/)

- Pushy (http://www.christopheryee.ca/pushy/)

搜索

除非你的网站里没有任何内容，否则你可能需要一个搜索框。好消息是，这个特殊的搜索输入框对移动应用的布局适配得很好。

根据底层开发厂商的不同，现在已经有一个梦幻般的机会，可以使你用上恰当的输入框元素。HTML5 引入了一个专门针对搜索的特殊输入框元素，它看起来就像下面这样：

```
<input type="search" name="search" />
```

用搜索输入框进行搜索的好处是，移动浏览器可以更改所显示的键盘，甚至添加一个图标，以及在该区域被触发时，显示你以前搜索过的条目。

使用该输入框的缺点在于，某些浏览器会擅自对这个输入框进行个性化样式调整，以匹配系统的样式。例如，iOS 会对输入框加上圆角效果，使它看起来像是 iOS 的默认搜索元素。这是好的，因为用户可以直观地认知这是一个搜索框，但也并不好，因为它可以甩开你的设计本意（在扁平化设计中出现的圆角，或已经有放大镜的页面上再叠加第二块放大镜）。

有几种选择来显示搜索框。可以把它放置于网站头部（包含有 LOGO 和菜单按钮的区域）下方，或者可以将其放置在下拉或外侧滑导航区域。这两种选择都可行，但你应该做一些 A/B 测试，使用热图，或运用其他检测方法，确保搜索可被访问并容易找到。移动用户挑剔得多，如果他们不能尽可能快地找到所需的东西，他们就会离开你的网站。

内容区域

你可能没有对网站内容有过太多的考虑，但如果你运营了一家商品比较网站、电子商务网站，或者一个信息类网站，你会遇到一个难题，那就是没有足够的屏幕空间来合理且完整地显示海量的内容。

处理该问题有三种常见的解决方案：

- 手风琴或所谓抽屉型的展示方式呈现特定的标题或问题。在标题被轻触或点击之前内容处于隐藏状态，直到"手风琴"被打开并显示隐藏的内容。这通常用于 FAQ 页面，以及那些在用户触发前希望隐藏丰富内容区域的页面。

  需要注意的是，一些"手风琴"只允许同时打开一部分，任何其他打开的部分会被自动关闭。请密切关注你的用户测试，以确保没有令那些希望同时打开多个部分的用户沮丧。

- 标签系统是有效的，通过简短的标题，用户可以进行选择，并进入浏览相应的内容区域。该系统与有些"手风琴"一样，也存在自动关闭的问题，并迫使你将按钮和文本塞满狭小的空间。该系统最适合于中等尺寸的屏幕，但如果对触发标签的文字或图标大小给予适当的重视，也可以成功地将其用于更小的屏幕上。

- 栅格系统，你可以将内容排布到列中。随着查看站点设备屏幕尺寸的缩小，这些列将开始压缩，直到你认为内容不再清晰。此时，你可以"打破"这些列，使得它们占用 100% 的可用宽度，而不是预先所分配的屏幕空间的 25%、33% 或 50%。

  使用列来分割显示内容的不足之处是，它将使你的页面有变长的潜质。我不是在谈论隧道般几百像素长，手指拨动滚轮翻页像是马拉松冲刺那样的页面。对于小一些的内容区域，你应该坚持使用这一内容呈现方式。

滑块

我将跳过对滑块的论述，因为我知道当它到来的时候，有些人肯定会告诉你他们需要一个。此外，当你正在改造一个网站时，你需要知道如何处理它们。

首先，速度应是首要目标之一，因此你需要记住，滑块在本质上是较慢的。这是由于需要装载多个图像到一个区域，并为了使它们能够按顺序展示而重新定义样式所导致的结果。DOM 处理也使得滑块操作变慢，而移动设备将不得不更加努力地下载、注入，然后根据需要间歇性地在画布上重新绘制所有图像。另一个副作用是，你可能没有意识到电池寿命的消耗。随着移动设备为显示页面而更加努力地工作，CPU 和内存越来越多地被使用，电池寿命可能会受到影响。

其次，滑块在移动设备上存在问题，因为"悬浮时暂停"的效果在移动设计中不再有效。滑块在桌面设备上运用此效果，通常情况下为一张接一张地显示滑块内容，但当将鼠标光标悬停或停止在一张滑块内容上时，滑块就会停止。当滑块没有响应屏幕滑动，以及用户有没有办法暂停或停止滑块时，移动用户也可能会对此感到沮丧。

许多移动用户习惯使用所谓滑动来移动内容，但是当该行为由于滑块定时而变得不可用或看似行为诡异时，这可能是恶化的源头。

要成功地在移动设备上使用滑块，请记住以下几点：

- 支持用户移动滑块。
- 使滑块对触摸 / 滑动友好。
- 最大限度地减少滑块内的数据量或幻灯片的数量。
- 利用延迟的方法（如懒加载）加载内容，使网站不出现中断或等待加载内容。

有几个滑块组件在移动设备上能够正常工作，它们是 BXSlider（http://bxslider.com/）和 Owl Carousel（http://owlgraphic.com/owlcarousel/）。

链接

当从仅供桌面使用的网站移植到移动端时，链接的大小是一个重要考虑因素。你可能已经注意到，在移动设备上访问各类网站时，里面的按钮和链接都显得比较大。这一特征不仅存在于 Web：Windows Phone、Android 和 iOS 的开发者指南规定，用户可触摸的目标或区域应该有足够大的面积供手指轻触。

到底要有多大呢？当然，这是各异的，而各种像素密度值的出现使其在某种程度上难以缩小。但是以下尺寸值将帮助你正确起步：

- 至少使用 34×34 像素的大小，考虑使用至少 44 像素。
- 目标的宽度可以比 44 像素更长，但高度应至少为 34 像素。

- 在目标之间一定要留有足够的空间——至少 8 像素，最大限度地减少无意的轻触。

了解更多关于触摸设备的设计可以访问以下这些网站：

- iOS 布局指南（https://developer.apple.com/library/ios/documentation/UserExperience/Conceptual/MobileHIG/LayoutandAppearance.html#//apple_ref/doc/uid/TP40006556-CH54-SW1）
- Windows Phone 8 人机界面指南（http://msdn.microsoft.com/en-us/library/windowsphone/develop/ff967556(v=vs.105).aspx）
- Android 度量及栅格（http://developer.android.com/design/style/metrics-grids.html）

移动化注意事项

知道如何处理布局以及一些组件将有助于改造的过程，但你还需要了解一些其他的惊喜。

例如，在移动设备中使用 CSS 伪类 :hover 通常不是一个好主意。一个点击呼叫按钮、模态窗口的处理，甚至是使用输入框都需要被额外考虑。

不要滥用悬停

移动设备目前处于一个有趣的位置。某些设备，如某些三星设备，可实际检测出悬停的手指或手写笔，但大多数设备还不能。不仅仅是移动设备，许多笔记本厂商也开始采用触摸屏，使之成为一个潜在的更大问题。

"破除" CSS 伪类 :hover 成为一种趋势。因为它会使你获得一个触发悬停的所谓 tap-to-activate 动作，然后让你不得不再次轻触来做出选择或者解除悬停。这可能会令人感到混乱和沮丧（根据网站触摸目标面积的大小）。当然，并不意味着你不能再使用悬停，但这需要提前考虑好。

想想看：假设你有一个下辖有若干子项目的类目，以下拉菜单的形式展示，且通过 :hover 触发。如果类目页面是通过点击类目名称进入的，那么所有的移动用户第一次轻触类目名称将会触发下拉菜单，然后再次轻触该名称才能进入类目页面。

这会使移动用户对于轻触类目名称的动作，导致关闭下拉菜单还是跳转到其他地方产生歧义。为了解决该问题，你需要添加一个命名为查看全部或类似名称的链接，以使移动用户能够有一个安全的地点轻触并跳转到他们想去的页面。

点击呼叫

人总是喜欢便捷，移动用户就是这样茁壮成长起来的。这可能是你需要考虑增加一个点击呼叫按钮的原因。这并不新鲜：Maximiliano Firtman 在 2010 年就谈到要这样做（www.mobilexweb.com/blog/click-to-call-links-mobile-browsers）。似乎很多设计师和开发人员忽视了这一点。

你应该能意识到在购物时与对方谈话的好处。在你的设计中增加一个点击呼叫元素，能够使你的用户和你的营销团队双方都感到愉悦。

为网站增加点击呼叫功能的一个简单方式是通过锚点元素，就像下面这样：

```
<a href="tel:+15555555555"></a>
```

你需要确保元素拥有了 display: block 样式，且设置了宽度和高度值。最后，你应该考虑增加一个图标，在视觉上有助于向用户传达，通过点击该图标就可以立即拨打该号码。此外，对于非智能手机用户，将显示一个不执行任何动作的链接。有些操作系统希望通过整合功能来解决这个问题，当从桌面点击后会通过各种 IP 语音系统，甚至将呼叫直接推送到你的手机。

模态窗口

大家会一致地认为弹出式窗口是一个可怕的想法，因为它潜在地使人心烦意乱以及产生不信任感（感谢恶意软件和骚扰网站添加的关闭按钮，其实际上会安装恶意软件，而非真正关闭窗口），于是模态窗口诞生了。这种特殊风格的窗口允许页面、图片、视频等显示在主窗口中。

有许多不同类型的模式窗口，但它们都有一个共同点：它们在移动设备上实现得很糟糕。为桌面系统的设计突然不能作为移动端的选项。

围绕这个问题展开设计，你可以用以下解决方案：新窗口模态和缩放模态。

新窗口模态

使用模态将新页面的内容呈现给用户。这与 jQuery Mobile 等框架所实现的方法类似。模态窗口利用过渡效果显示新页面，其带有关闭或后退按钮以使用户可以回到原来的页面。

该风格的缺点是，使得用户有了不一致的体验，有些用户可能没有意识到他们正在看一个新的页面，需要关闭后才能回到原来的位置。

这在图库类产品中需要特别注意，因为让用户移步到一个新的页面可能会使人变得心烦意乱或恼怒，于是他们会离开原本想要的页面。

缩放模态

目前许多模态解决方案采用缩放技术以保持窗口中的内容在可视区内。这些技术对图片很有效（因为大多数智能手机浏览器可以调整它们的大小），但文字内容是一个大问题。

为了处理好文本元素，你需要保持内容精简，或者坚持使用图片。暂且不管内容，你需要确保任何时候关闭链接都是可见的，以便用户可以退出模态返回到原来的页面。

> **小贴士**
>
> 测试用户使用的设备。令人难以置信的是，我创建了一个在我的设备上完美工作的模态窗口（都有一个 360px 的最小宽度），但我没有在 iPhone 上测试。我的关闭按钮竟然在屏幕外，迫使用户使用浏览器上的后退或刷新按钮返回页面。这是我犯的一个非常严重的错误，请不要重蹈覆辙。

要观察缩放模态是如何在多种设备上工作的，可参见图 8.6，该图展示了模态在 iPad 和 Android 手机上的应用效果。

图 8.6　在两台设备上图片均清晰可见，同时允许将其关闭

输入框

最后需要注意的考虑因素是表单输入的工作方式。你已经知道，搜索框将根据输入类型发生变化；但是，你可能没有想过一些设备内置的功能可以破坏你的网站。

你可以利用 HTML5 的一些输入类型与特性以帮助解决这些问题。对于电子邮件字段，可使用 email 类型增加浏览器内置验证：

```
<input type="email" name="email />
```

所有运行 iOS 5.0 以上（应该是 100％）的 iOS 设备，在默认情况下，对

email 类型输入框禁用了 autocapitalization 和 autocorrect 属性。如果你发现一些用户仍然启用了 autocorrect 或 autocapitalization，可以在输入框中添加如下属性：

```
<input type="email" name="email" autocorrect="off"
autocapitalize="off" spellcheck="false" />
```

这就是告诉浏览器，不应该更正用户所输入的内容。请注意，这些属性也可以在文本区域和文本输入元素中使用。

这似乎是一个小问题，它并没有在视觉设计过程中体现出来；然而，作为用户体验的一部分，关注微小的交互点对一个成功的设计是至关重要的，尤其是当它涉及移动设备时。

小结

在本章中，你了解了改造一个网站的过程。你学到了使用块级策略将网站分割成互不耦合的片段，然后就可以利用组件将这些块拼装起来。

你还学习了当你针对移动用户需求而进行设计时需要意识到的诸多问题，包括使用滑块、悬停状态、搜索框、文本输入框和模态窗口。

第 2 部分

使用响应式媒体

第 9 章

响应式图片

设计创作总是史诗般、生动形象且富于灵感的。然而，一旦考虑到用户查看你的创作时所使用的设备，为了细节和内容的呈现速度最好还是减少一些华丽的设计。

在各式各样的设备中，使用图片是很有挑战性的。幸运的是，你可以开始使用一些技术和解决方案来为未来进行设计。

图片应该是响应式的

过去，导出图片最难的问题是在使用 JPEG 格式还是 GIF 格式之间做出抉择。在那些单纯的日子里，通常需要确定图片使用的颜色数量、图片透明度对于我是否是重要的。

然后出现了 PNG 文件，该解决方案可以交付 JPEG 文件那样的图像品质，同时给予了图像清晰、纯粹的透明度。这无疑是一大进步，并且许多设计师和开发者仍然严重依赖 PNG 文件。然而，对于大型图像的文件大小仍然不能令人满意。当 PNG 文件采用与 JPEG 文件相同的一些颜色值时，其文件大小比 JPEG 文件大非常多，原因是 PNG 在许多图像处理程序中使用无损压缩。你可以通过开启 PNG 的有损压缩模式以节省空间，但是当使用更为复杂的真彩色图像时，JPEG 文件仍然比有损压缩的 PNG 文件小很多。作为设计师和开发人员，我们正在解决将 SVG 文件和 WebP 文件合并的问题。

从这些图片格式的角度来看，它们都是极为出色的，但问题是对于展示图片的屏幕来说，这些图片太大或太小了。

为什么图片要做成响应式的？通过本章，你将学会通过缩放、使用新的图像元素、使用 JavaScript 等方法在浏览器端展示合适的图片。

图片分发

当你正在处理移动设备时，你所采用的图片非常重要。当使用的图片在页面上显示为变形或被截断，细节、清晰度，甚至你想表达的情感会毫无疑问地被曲解。

为了更为明确我想说什么，请看图 9.1。在图 9.1 中，你可以很容易地看到中间的登山者和下面的人群。如图 9.2 所示，如果在手机上看同一张图片，屏幕会被放大或缩小以适配图片的大小。

图片被缩小了以便保证所有的图片内容是可见的，但实际上这使得原始图片上的细节，尤其是登山者，有可能因产生更多视觉混乱而被误以为是另一张图片。

图 9.1　在台式机上展示的图片，所有细节完好无损

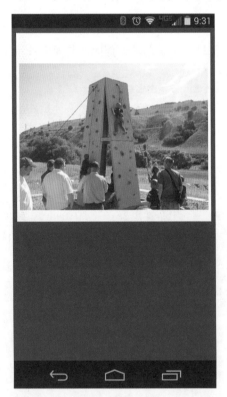

图 9.2　图片在手机上展示，屏幕被缩放以适配图片，使得主题无法辨识

除了视觉效果，在用户试图下载图片时又都发生了什么呢？嗯，首先，慢了下来。图9.1和图9.2使用的原始图片是344KB的JPG文件。当然，听起来好像不多，但是，当你的网站有10张相同大小的图片时，这将给用户增加3MB的图片需要下载到他们的移动设备上，同时还需要下载JavaScript文件和你的网站上的其他数据。

注意

当你链接至高速带宽上时，3MB的数据量听起来不是非常大。然而，在无线网络上，下载3MB的数据需要耗费一定的时间和数据空间。以下是下载3MB大小的图片所耗费的时间：

- 3G（1~4Mb/s）：5~23秒
- LTE（5~10Mb/s）：2~4秒
- DSL（1.5Mb/s）：15秒

注意，下载完图片后，设备还要处理和显示图片。如果有多张图片，下载图片的时间将迅速增加。

如果能够根据设备大小提供不同大小的图像，不仅节省文件大小，而且让你能够选择图像的艺术导向。图9.3展示了为移动用户优化后的图片。

图9.3　为了实现在移动设备上的最佳体验，图片的可视部分发生了变化

　　能够精确地选择展示什么图像是非常有用的，因为这让你能够选择更小的图片（这一张是 49KB），你能够确保用户更加快速地下载并查看图片。

　　从图片文件大小的角度来看，在你的网站上值得使用 WebP 格式的图片。这种格式的图片有广泛的用途，并采用不同的压缩算法，可以为你节省原始图片大小的 7%~50%。图 9.4 展示了 WebP 格式和 JPEG 格式的图片。

　　图 9.4　上面一张图片使用的是 WebP 格式，其大小是 56KB；而下面一张图片采用的
　　　　　　是 JPG 格式，其大小是 111KB

　　可以采用几种方法实现我们这里所做的。下一节中，你将首先学习图片缩放，然后学习使用 srcset 属性，最后学习使用 picture 元素。

图片缩放

　　一种最常见的，也是最容易产生的误解——"响应式"图片技术是通过浏览器缩放的。这不需要任何新图片，仅仅需要几行 CSS 代码。在你的 CSS 中添加如下代码，将魔术般地使你的图片能够进行缩放适配：

```
img {
  max-width: 100%;
  height: auto;
}
```

　　需要注意的是，使用本例在 IE8 浏览器中会出现惊人的失败。为了修复 IE8，必须在 max-width:100% 之前使用 width:100%。你还需注意的是，通过设置图片的宽度为 100%，图片将试图尽可能地占用更大的空间。这意味着潜在的拉伸效果。为了避免这种情况，请确保图片元素在如 <div> 这类自身带有宽度的元素中。

　　这将使得你的图片适配所视屏幕，但是图片的大小并未发生变化。另外，使用大图并强制让浏览器进行缩放，可以提高 CPU 和内容的使用率。在台式机或笔记本电脑上可能看不出有多大影响，但是当在移动设备上查看图片的渲染速度和耗电量时将很成问题。

> **小贴士**
>
> 　　如果你的网站正在使用图片映射，那么你需要想出一个新的解决方案。因为，图像映射是像素级的映射关系，一旦图片尺寸发生变化，那些映射将无法定位到你所预期的位置。当然，你可以通过百分比布局放置不可见热区来解决，但这远不是一个完美的解决方案。

　　我并不提倡将这种方法作为你的设计标准的实践：通过提供一张大图给浏览器，让浏览器来改变这张图片的尺寸和处理缩放展示尺寸。不过，这可以是一个最后的解决方案，直到你找到正确的图像或解决方案。

使用固定比例

　　或许你也曾遇到过这种场景：你正在浏览网页并开始加载页面，但是当你开始阅读时，当图片下载完成后网页的内容突然被移动或推挤到一边。这就是网页重新渲染，这是由于在某处并未调整布局处理下载完成的图片而引起的一种重新渲染的情况。图 9.5 展示了一张网页在图片下载完成前后的效果。

　　你或许会想，"文字当然会被移动！我无法定义在所有屏幕上图片的尺寸！"是的，你确实不能。不过，如果你知道图片的比例，就可以使用一点小技巧来确定在这种特殊布局中该图片所需占用的空间大小。

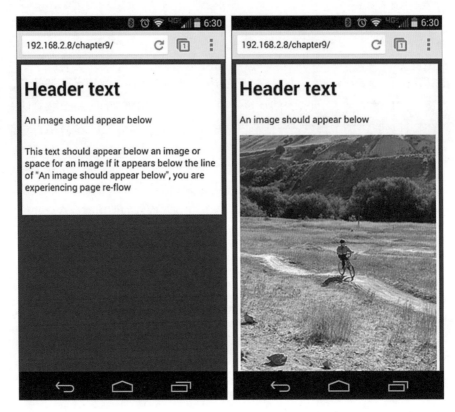

图 9.5　左图展示的是在图片下载完成前，文本内容可以聚集在一处。右图展示的是
　　　　当图片下载完成后，文本内容被推移到图片下方

早在 2009 年，Thierry Koblentz 在 A List Apart 网站（http://alistapart.com/article/
creating-intrinsic-ratios-for-video/）上发表的文章中就提出了这种技巧。在这篇文
章中，Thierry 讨论了在网站上使用这种技巧来处理视频。在需要提供一个占位来
组织页面重新渲染的情况下，使用这种技巧的效果也非常好。

举一个例子来说明，图 9.6 展示了同一张网页。但是，考虑到页面重新渲染，
通过使用图片比例的技巧包含一个放置图片的空间。这是与图 9.5 相比明显的不
同，因为其下方的文本 "This text should……" 是最初当页面加载前在屏幕上不可
见的；相反，由于这张图已经保留了应该插入图像的空间，你只看到 "An image
should appear below" 的字样呈现在页面上。

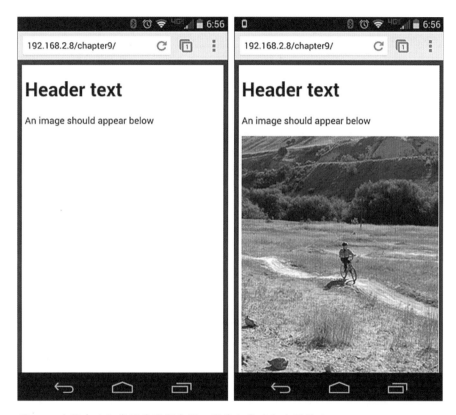

图 9.6　左图中为加载图片预留空间，图片加载后如右图所示

为了使用固定比例，你需要知道图片的纵横比，使用高度除以宽度得到的值作为容器的 padding 值。

例如，如果你有一张 480×320px 的图片，宽高比是 3 ∶ 2。纵横比是 2/3，约等于 66.67%。这样就可以为图片预留空间的容器进行设置了。CSS 代码如下：

```
.wrapper {
  position: relative;
  padding-bottom: 66.67%;
  height: 0;
}
.image {
  position: absolute;
  top: 0;
  left: 0;
```

```
  width: 100%;
  height: 100%;
}
```

使用纵横比，你需要为不同比例的图片创建多个类，这样就可以为不同大小的图片在页面上预留位置了。

srcset 属性

如果你非常不喜欢图片缩放技术，那么你也许会对 srcset 属性感兴趣。

srcset 是 img 元素的属性，在处理选择正确的图片进行展示时是非常优雅的。

请看如下代码：

```
<img src="meh.jpg" alt="an image" />
```

这是在网站上添加图片的常规方法。使用 src 属性来引用对应的图片文件（本例中即 meh.jpg），alt 属性用于展示当图片不可用时为文本和类似用途展示的默认文字。

如下代码片段添加了 srcset 属性：

```
<img src="standard.jpg"
    alt="an image"
    srcset="small_480.jpg 480w,
            standard_768.jpg 768w,
            large_1024.jpg 1024w,
            large@2x.jpg 2x" />
```

> **小贴士**
>
> 　为图片使用命名规范。上面代码片段中的 srcset 属性使用了一点幽默的命名法，用以说明当屏幕增大时你可以使用细节更丰富的大图；但是，请勿复制该段代码的命名标准。维护大量命名不标准的图片是非常棘手的，并且在长远看来是不值得的。采用类似 hero_480.jpg、hero_480@2x.jpg 这类的名称更加可取。

你可以从上面的代码段中看出 srcset 属性使用一些逗号分隔的属性值。起初看起来有一点冗长感，但是，仔细看会发现几乎每个图片文件名都以字母 w 结尾。

这个属性值告诉浏览器可将图片的该属性值分解如下：

- 屏幕宽度尺寸为 0~480px 时显示图片 `small_480.jpg`。
- 屏幕宽度尺寸为 481~768px 时显示图片 `standard_768.jpg`。
- 屏幕宽度尺寸为 769~1024px 时显示图片 `large_1024.jpg`。
- 高像素密度屏幕显示图片 `large@2x.jpg`。
- 其他屏幕显示图片 `standard.jpg`。

这种解决方案非常不可思议，但是使用时请仔细确保为正确的设备提供了优化后的图片。拥有可靠的图片是非常棒的，但是可靠的图片需要太小或太大的图片来对设备进行适配。

使用 `srcset` 属性需要注意的是：目前只有基于 WebKit 的浏览器和 Chrome 34+ 浏览器支持该属性。

有一点点幸运的是，其他浏览器很快也会开始支持 `srcset` 属性。如果你难以抑制地现在就想使用该属性，你和你的开发者们可以通过 polyfill（https://github.com/borismus/srcset-polyfill）来使用 `srcset` 属性，并完成兼容问题。

picture 元素

另外一种建议的响应式图片的解决方案是一个新的元素 picture，该元素的使用与 `img` 元素的使用是一致的。该元素的目标是提供一种为指定的设备和在基于媒体查询的设备上展示图片的方法。

清单 9.1 展示了如何在网站上实现 `picture` 元素。

清单 9.1　使用 picture 元素

```
01 <picture>
02   <source srcset="small.jpg">
03   <source media="(min-width: 480px)" srcset="mid.jpg 1x, mid@2x.jpg 2x">
04   <source media="(min-width: 768px)" srcset="large.jpg">
05   <img src="default.jpg" alt="The image">
06 </picture>
```

`picture` 元素的工作方式非常有趣，该元素作为包裹 source 元素和 img

元素的容器。使用 img 元素有助于帮助暂不支持 picture 元素的浏览器渲染图片。

　　source 元素用于定义需要渲染的图片参数。在清单 9.1 的第 2 行代码中，使用 srcset 属性定义了展示在大于 0px 的屏幕上的图片，但是并未覆盖所有的屏幕，因为在第 3 行、第 4 行代码也定义了 source 元素。

　　在第 3 行可以看到，media 属性用于定义在最小尺寸为 480px 的屏幕上显示的图片。同时也使用 srcset 属性定义了高像素密度屏幕所需显示的图片。

　　接着看第 4 行代码，可以看到 media 属性用于定义设备屏幕最小尺寸为 768px 时展示的图片。

- 屏幕宽度在 0~479px 之间的设备展示 small.jpg。
- 屏幕宽度在 480~767px 之间的设备展示 mid.jpg，高像素密度屏幕展示 mid@2x.jpg。
- 屏幕宽度大于或等于 768px 的设备展示 large.jpg。
- 不支持 picture 元素的浏览器将加载 default.jpg。

　　source 元素内部支持 srcset 属性真的很令人吃惊。它实际上是鼓励帮助为浏览器提供适当的图像。

　　除定义具体使用哪幅图片和使用媒体查询来定义之外，picture 元素还有其他功能。你也可以用它做一些有限的特性支持测试，来提供基于浏览器支持图像格式的图像。

　　你或许会认为，如果现代浏览器既然可以支持 picture 元素，那么一定也能支持所有的图片格式。我明白你的想法，但是你还需记得，并非所有浏览器都支持 WebP 图片格式（截至目前，参考网站 http://caniuse.com/webp）。

　　使用 type 属性，可以轻松地基于浏览器支持的格式来展示图片。清单 9.2 展示了具体是如何实现的。

清单 9.2　指定不同的动画图像格式

```
01 <picture>
02    <source type="image/webp" srcset="funny.webp">
```

```
03    <source type="video/png" srcset="funny.apng">
04    <img src="funny.gif" alt="absolute madness" />
05 </picture>
```

仔细查看清单 9.2，你会在第 2 行和第 3 行看到 type 属性，第二行 type 属性的值为 image/webp，第 3 行 type 属性的值为 video/png。如果你是那种经常调整 Web 服务器类型的设计师，那么这些值的出现可能完全是无用的。这些值均为 MIME 类型。

服务器和浏览器使用 MIME 类型进行传送和描述被传输和呈现的文件。值 image/webp 说明文件是 WebP 格式的图片。浏览器原本具有其所识别的 MIME 类型，并决定需要使用的文件类型。值 video/png 不是写错了，而是 MIME 类型的 PNG 动画文件格式。

Chrome 浏览器支持 WebP 格式的图片（包括 WebP 动画文件），但是 FireFox 浏览器不支持。FireFox 浏览器支持 PNG 动画文件，其他浏览器支持 GIF 动画文件。

通过使用 picture 元素来具体定义使用哪张图片，可以很好地优化移动和桌面用户的体验。

在写本书时，并非所有浏览器都支持 picture 元素。不过，已经有一个项目（FireFox 和 Chrome 均支持 picture 元素）正在进行中，很有可能在 2014 年年底前将能完成。

关于 picture 元素的更多内容，包括如何以更精简的方式加载多个不同大小的图像，请参考网站 http://picture.responsiveimages.org/。

使用 JavaScript 的解决方案

无法使用现代浏览器的设计师和开发者，或是世界其他地区没有时间追赶技术发展的人们，可以使用 JavaScript 的解决方案作为渐进增强组件的一部分。

Scott Jehl 的 Picturefill 组件已经取得了杰出的成功。我自己创建了 Pixity 组件，并已应用在多个项目中。

Picturefill 组件

picture 元素的缺点在于现在无法直接使用。即使浏览器在不久的将来会添加对 picture 元素的支持，你肯定也会遇到实际使用特定浏览器的用户，并要在他们的移动设备上使 picture 元素正常工作。

这是 Scott Jehl 看到的问题，因此他决定通过 JavaScript 的解决方案来使得 picture 元素跨浏览器工作，他是通过 span 元素来实现的。

需要注意的是，Picturefill 组件在支持 CSS3 媒体查询功能的浏览器上工作得最好。由于目前大多数智能手机上都支持 CSS3，因此应该不会出现问题。

清单 9.3 展示了在使用 Picturefill 的项目中需要定义的 HTML 结构。

清单 9.3 指定不同的动画图像格式

```
01 <span data-picture data-alt="description of image">
02   <span data-src="small.jpg"></span>
03   <span data-src="medium.jpg" data-media="(min-width: 480px)"></span>
04   <span data-src="large.jpg" data-media="(min-width: 768px)"></span>
05   <span data-src="extralarge.jpg" data-media="(min-width: 1140px)"></span>
06
07   <noscript>
08       <img src="small.jpg" alt="description of image">
09   </noscript>
10 </span>
```

第 2~5 行显示了 Picturefill 在支持 JavaScript 的浏览器中需要做的初始配置，第 7~9 行显示了不支持 JavaScript 的浏览器将展示的图片。

第 1 行使用 data 属性定义了 data-picture 和 data-alt，Picturefill 用于定义图片展示的位置以及为屏幕阅读器或类似设备显示的替代文案。

其他几行代码均使用了 data-src 属性，data-media 属性定义了为特定的显示设备展示的特定图片。

如果你回顾 srcset 属性和 picture 元素部分，这些代码看起来非常相似。你可能想知道关于高像素密度屏幕的适配方式。这可以通过改变添加媒体查询

data-media 属性。让我们复制并修改一行代码，使其支持高像素密度屏幕显示图片。注意，我在这行代码上添加了换行符，让它更容易阅读：

```
<span
  data-src="medium@2x.jpg"
  data-media="(min-width: 480px) and (min-device-pixel-ratio: 2.0)">
</span>
```

这行代码可添加在第 4 行，支持屏幕宽度在 480 ~ 767px 之间的高像素密度的设备。

下载并阅读详细的使用教程请参考 https://github.com/scottjehl/picturefill。

Pixity 组件

在我看到 Picturefill 组件之前，我正在重新设计一个电子商务网站，该网站目前已拥有 40% 的移动用户。

要知道的是，该网站 60%~70% 都是图片，我需要一个灵活的解决方案，以便为不同大小的屏幕提供不同的图片文件，并为网站维护者提供简易的图片分类方法，而不是不断地通过硬编码使图像为动态文件。

解决方案就是创造了一个名为 Pixity 的插件。最早使用该插件的目的实际是用于确定何时使用高像素密度图片。

Pixity 目前已发布了一版 jQuery (1.7+) 的插件，实现是非常简单的。通过在 img 元素上增加几个数据属性，并为图片定义一个特定的类名，Pixity 插件在页面加载时将 1 × 1px 的图片替换为合适的图片。

清单 9.4 展示了使用 Pixity 所需的 HTML 结构。

清单 9.4　使用 Pixity 展示图片

```
<img class="pixity"
 src="images/placeholder.gif"
 alt="image description"
 data-path="images/"
```

```
data-sm="small.jpg"
data-md="medium.jpg"
data-lg="large.jpg"
data-xl="xlarge.jpg" />
```

与 Picturefill 和 srcset 不同的是，Pixity 不需要为不同的图片定义设备宽度；相反，设备宽度是预定义的。

默认情况下，使用的图片尺寸如下：

- data-sm：0~480px
- data-md：481~767px
- data-lg：768~959px
- data-xl：960px 以上

也可以通过如下代码更改默认值：

```
$.pixity({limitSm:600,limitMd:960,limitLg,1280});
```

注意，data-path 属性，该属性看起来有点不合时宜，但是这几个字符对 CMS 系统是非常有用的。如果你使用的是 CDN 路径，配置一次，并通过其他属性进行调整。

> **小贴士**
>
> 当使用 Pixity 时，你应该尽可能地使用图片的固定比例。因为如果不使用固定比例，一旦图片加载完成后产生占位，会导致用户页面重绘。

如果你对修改、编辑 JavaScript 感兴趣，可以根据自己的需求对 Pixity 进行修改和扩展。我有几个版本是用于滑块的动态加载和响应式内容的，尚未上传至 GitHub，还有几个版本当且仅当客户端通过性能测试时才允许客户端下载高像素密度的文件版本。

Pixity 的核心目前已授权为 MIT（http://opensource.org/licenses/MIT），可以通过 https://github.com/dutsonpa/pixity 进行下载和修改。

小结

在本章中你学会了有计划地展示图片的方法。花一点时间对需要呈现给用户的图片进行微调，可增加网站的用户访问率和回访率。

你了解到可以利用艺术导向来改变所传达的视觉信息。可以通过几个新特性来实现，例如 srcset 属性，或者使用 JavaScript 插件来实现，例如 Picturefill 和 Pixity 插件。

第 10 章

响应式视频

当你试图向已被半俘虏的受众传达概要内容并取悦他们时，使用视频是一种很好的表达方式。如果能让你的视频通过社交方式进行共享或是"病毒式传播"，那么可以确定你正在正确的轨道上，你的传播效果一定会很好。

然而，你控制视频播放的方式，将使用户持续回访亦或使之前所做的努力功亏一篑。在本章中，你将学到使用视频作为媒介，并确保视频在尽可能多的设备上进行播放。

使用视频

移动用户的行为方式是一个相当吸引人的课题。搜索或浏览一个网站的时候，用户对糟糕的界面几乎完全没有耐心；如果看到信息或产品之外的东西，用户会迫不及待地离开你的网站。然而，如果使用的是社交网络、视频分享网站或者休闲娱乐中心，用户为了得到他们想要的，会开心地花费几十分钟甚至几个小时。

人们热爱分享。人们热衷于成为第一，并因第一个"钉（pin）"、"+1（plus）"、"赞（like）"、"分享（share）"或提及某一事物而获取信用。这就是为什么营销过程中可以运用视频来撬动用户产生购买行为的原因。

即使这个产品不是你现在需要的东西，甚至并不是你正在考虑购买的东西，但是看一段视频更有可能让你去思考这个产品，可以增加你完成购买的可能性。

一个有趣的进展是可分享视频的问世，其风靡了社交媒体。流行的社交应用，例如 Vine 和 Instagram，都有短视频分享的功能。这并不意味着你应该做 5~15 秒的视频，但它确实意味着用户有快速、易于共享视频的需求。

与标准站点的性能要求一样，对于视频来说，信息交付速度越快收视效果就越好。在这方面，为了与视频的分发和需求量相适应，引入质量提供商或内容分发网络（CDN）提供商是非常重要的。

> **小贴士**
>
> 使用 CDN 可以潜在地加快内容分发速度。这是通过在世界的各个地区在多个服务器上托管你的内容来达到提速效果的。当用户请求在 CDN 上的资源时，距离用户最近的服务器响应并发送资源。与用户的距离越远，使用 CDN 的好处越大。几个著名的 CDN 提供商为：Akamai、CloudFlare、MaxCDN 和 Limelight Networks。

分发系统

你可以通过多种方式为你的用户所使用的设备服务。这么做的成本是根据你需要完成的销售目标而变化的。

在决定选用哪家内容提供商之前,需要考虑以下几点:

- 可用比特率
- 是否支持指定设备播放
- 支持 HTML5 或 Flash player
- 是否支持 CDN
- 最小传输速率
- 文件大小限制
- 社交共享选项
- 玩家定制
- 视频保护,包括地区和区域锁定
- 广告集成支持

你需要预先了解以上几点,以避免签了昂贵的合同却没有得到你所需要的功能。

Limelight 网络

Limelight 网络(www.limelight.com/)是 CDN 服务商,提供内容服务、应用服务和视频分发。它提供面向企业用户的解决方案,但我发现他们的工作人员是非常友好的,乐于帮助满足你的个人需求。

使用 Limelight 网络视频分发的关键特性包括以下这些:

- 全球 CDN 分发视频
- 支持 HTML5 视频回放
- 内容可区域锁定
- 支持 FTP 上传视频
- 品牌视频播放器
- 视频播放器支持可用带宽检测
- 支持代码转换服务
- 支持 iOS

- 支持视频分析
- 支持广告
- 具有社交分享选项
- 支持播放列表
- 支持创建自定义内容频道

在视频播放的过程中能够调节比特率的变化是非常重要的，因为这样可以减少用户花在缓冲视频上的时间而用更多的时间观看内容。Limelight 是一个非常有竞争力的解决方案，他们积极提升自己的服务质量以超越同行竞争者。你注册一个免费试用账号，Limelight 的销售代表会乐意定制一个计划来满足你的需要。

Akamai

Akamai（www.akamai.com/）在网络分销服务方面具有世界级领导者的声誉。它的声誉是通过提供快速、可信赖的服务取得的。Akamai 家族的 Sola 部分是专门致力于视频存储、分发和保护的。Akamai 的大量服务面向需要申请公开发售的企业级用户或是需要内容保护的供应商。

Akamai Sola 的关键特性如下：

- Akamai CDN 分发
- 域名和区域锁定，支持 DRM 服务
- 自适应比特率播放
- 多协议支持，包括 HLS、HDS 和 MPEG-DASH
- 媒体分析
- 广告支持

Akamai 同 Limelight 一样引人注目，所以与销售代表洽谈时最重要的是满足你的需求的定制服务。

Brightcove

Brightcove 是新的视频内容提供商之一，在过去几年中从一个简单的内容提供者迅速发展到尖端视频分销商。它提供了一个产品，叫作视频云，适合从小型企业到大型企业用户的不同定价模型。它提供了与其他竞争对手许多相同的功能。

Brightcove 视频云的关键特性包括：

- 转码服务
- 媒体分析
- 玩家定制
- 支持 HTML5 回放
- 支持移动设备
- 带宽和比特率检测
- 批量上传代码转换服务
- 支持定制和同步视频上传到 YouTube
- 广告支持
- 域名、区域和 DRM 支持（RMTPe 和 SEF）

由于 Brightcove 是一家新的服务公司，你可能会怀疑其服务质量和可靠性。不过，我在过去 3 年使用 Brightcove 的过程中发现，它的确能满足用户的需求，并且保持持续更新和提升服务。它有一个有效的运维支持团队并且邮件、电话方式都能快速响应。如果你是认真考虑将视频播放添加到你的网站，Brightcove 是值得考虑的合作伙伴。

Vimeo

Vimeo（https://vimeo.com/）遇到了相当强大的对手，例如 YouTube。但这并不意味着 Vimeo 准备偃旗息鼓。相反，Vimeo 不断推陈出新，新功能、新支持，甚至是面对最苛刻的视频网站。

作为第一个允许用户上传超过 10 分钟的视频而不需要审批的网站，Vimeo 赢得了托管惊人视觉的杰作的名声，与用户生成视频相比，更像一个完全自生产视频。

Vimeo 的特性如下：

- 可嵌入视频

- 可定制的品牌视频播放器 *
- 视频组
- 视频频道
- 视频专辑
- 视频分析 *
- 视频区域限制 *
- Vimeo 点播视频
- 视频转换

* 需订购增值业务或专业版

Vimeo 可用多个账户类型，而且每个用户都可以有丰富的功能集。如果你是一个商业用户，Vimeo 值得关注，因为它有合理的存储限制，并且具有视频流媒体服务最好的带宽策略。对于希望出售视频的用户还有一个好处，Vimeo 点播视频的特点是允许出售内容。

YouTube

YouTube 是一个创造性地为需要查找、分享有趣内容，快速与朋友家人分享视频的互联网用户提供快速获取视频的网站。

YouTube 继续推出新功能，包括 HTML5 视频播放器、移动设备支持，并且作为视频引擎嵌入了 Google+。

YouTube 受欢迎的特点如下：

- 可以使用 Google 账户注册
- 可嵌入视频
- 视频转码
- 带宽检测与适配
- 支持频道
- 与 Google+ 和 Google 搜索集成
- 有限的广告支持

　　YouTube 是一个流行的视频平台，因为它有一个我最喜欢的价格：免费。它还能处理很多重活累活：包括在视频上添加广告来产生收入，支持在大多数设备上创建多个版本的视频。成本就是当你的视频播放完成，你会得到一个"类似"的视频，显示墙会显示游览者可疑的内容，或直接将你的观看者引导到另一个产品或服务，或者甚至是直言不讳的评论。这些并不是暗示你不应该利用 YouTube 的能力和影响力，只是说在决定使用 YouTube 作为你唯一的流媒体提供者之前一定要考虑的缺点。

制作适配移动设备的视频

　　在你决定将一项服务作为你的视频提供者之后，你上传了视频，现在是时候将视频添加到你的页面上了。不幸的是，当在移动设备上查看时，并不是简单的即插即用过程。图 10.1 展示了当视频没有对移动设备进行优化时在移动设备上播放的情况。

图 10.1　视频的尺寸与屏幕不适配

这虽然并不能完全阻止用户观看视频，但是他们应该有一个适配屏幕的选项。

启动视频窗口时你可能会面临另一个问题。图 10.2 显示了在使用视频回放模式时窗口上的一种可能发生的问题。

图 10.2　视频窗口比观看屏幕大，导致视频和关闭按钮不可见。这也导致用户产生困惑，因为用户不知道为什么屏幕看不见甚至完全回退，没有开始和停止视频的按钮

图 10.2 展示了很糟的 UI 效果。更糟糕的是，用户如果不通过单击后退按钮或者离开你的网站的方式，在不重新加载页面的情况下可能无法关闭视频窗口。

使用固定比例

在图 10.1 和图 10.2 中显示的视频播放器尺寸对设备都不适配。你可以通过与响应式图片类似的方法，通过视频比例来解决这个问题。为了查看工作原理，以 YouTube 视频为例。

如果你曾使用过 YouTube 的内嵌视频代码，你会认出如下代码：

```
<iframe
width="640"
height="360"
src="//www.youtube.com/embed/yXXZSbx2lrc"
frameborder="0"
allowfullscreen></iframe>
```

iframe 本身的代码没有错，但是不包含任何代码来帮助适应设备视频。图 10.3 显示了该视频在移动设备上的展示效果。

图 10.3　即使网站是响应式的，但是嵌入的视频不是响应式的也会导致超出边界

小贴士

当使用固定比例时，你需要知道视频的长宽比。通常来说，大多数视频的长宽比例是 4 : 3、3 : 2 或是 16 : 9。

> 如果你需要计算视频的长宽比，需要知道视频的宽度和高度。可以使用比例计算器计算长宽比，用来找出固定比。计算器有助于计算固定比和长宽比，可参考 www.mobiledesignrecipes.com/ratio-calculator/。

你需要一段 HTML 代码作为固定比例视频容器：

```
<div class="video-wrapper">
  <iframe
      class="video"
      width="640"
      height="360"
      src="//www.youtube.com/embed/yXXZSbx2lrc"
      frameborder="0"
      allowfullscreen></iframe>
</div>
```

注意，为了提高可读性，已调整了代码的格式，否则，整个 iframe 元素将在一行上。现在有了 HTML 结构，需要添加使视频规模适应屏幕的样式表：

```
.video-wrapper {
  position: relative;
  padding-bottom: 56.25%;
  height: 0;
}
.video {
  position: absolute;
  top: 0;
  left: 0;
  width: 100%;
  height: 100%;
}
```

在本段 CSS 代码中，使用固定比例设定 padding-bottom 的值，本段代码中固定比例的值是 56.25%，正好是 16∶9 视频的固定比例。根据你的视频长宽比，需要更改这个值。可以通过网站 www.mobiledesignrecipes.com/ratio-calculator/ 来计算你所需要使用的固定比例。

设置好 HTML 和 CSS，视频应该可以适配设备的屏幕了。图 10.4 展示了适配移动设备屏幕比例的视频效果。

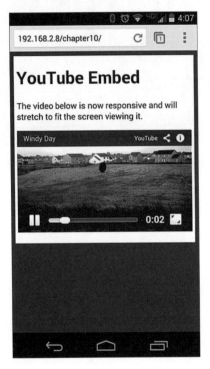

图 10.4 现在视频的大小与屏幕的大小适配了

使用本地播放器

另一个可考虑的选择是让你的视频在本地设备的视频播放器上播放。使用本地播放器播放有许多好处，具体如下：

- 用户更容易理解玩家是如何工作的。
- 低比特率可适用于更多的设备兼容性。
- 视频可以不通过第三方服务提供。

使用本地播放器是指将"本地"文件送至设备。这可以通过直接链接到文件，使用短 URL，甚至使用二维码直接转发视频。

通过你自己的移动设备打开 http://goo.gl/rqlkHC 便可查看。

小贴士

　　如果决定使用短 URL 或二维码，考虑使用一个加载页来加载或观看视频是很重要的。这可以在用户等待视频下载、缓冲、开始播放时有内容可看。在 http://goo.gl/B4t9ry 可以看到，在加载页上可以显示什么，而不是直接将用户导向本地视频播放器。

　　如果不是在移动设备上打开，而是通过任意浏览器，例如 Chrome 浏览器打开，可以回放 MP4 格式的视频。图 10.5 展示了 Android 系统的本地播放器。

图 10.5　视频全屏显示，播放、暂停按钮以及整个控制条已完全可见

使用插件

　　如果决定不添加额外的条目进行任何比率的处理，以避免弄乱你的代码风格，你可能会想要选择使用 JavaScript 插件。

　　一款我最喜欢的处理响应式视频的插件是 FitVids.js（http://fitvidsjs.com/）。这是一个 jQuery 插件，可以在流行的视频分享网站如 YouTube 和 Vimeo 等使用。

　　FitVids.js 的具体实现细节超出了本章的讨论范围，但是我可以告诉你这是一个可用于你的网站的简单插件。关于使用示例和如何在你的网站使用 FitVids.js，请访问 GitHub: https://github.com/davatron5000/FitVids.js/。

小结

在本章中，了解了为什么在你的网站中使用视频非常重要，而且你发现可以通过一些供应商来分发内容。

你还了解了响应式视频为什么如此重要，以及如何在你的网站中使用响应式视频，如可以通过固定比例、本地播放器以及 JavaScript 插件，如 FitVids.js 等。

第 11 章

图像压缩

当追求酷炫的视觉设计时，第一件想到的事绝对不应是文件格式，事实上也完全不会考虑文件格式。当做移动设计时，文件类型的运用意味着在喜欢你网站的快乐用户与仅对获取信息感到快乐的用户之间存在的差异。

在本章中，你将了解到图片文件类型，包括何时使用最佳文件格式；还会了解到为了确保优化用户体验，可以采取多种压缩方法。

图片类型

也许因为你的工作，你熟悉一些图像文件类型，也许你知道大多数相机和智能手机都采用 JPEG 格式，也许你还知道 OS X 系统截屏输出 PNG 格式的文件。

毫无疑问，你也知道可以使用多种图片处理软件，例如 Photoshop、Pixelmator、Acorn 和 GIMP 等，可以将图片保存为多种格式。

也许你不知道的是，何时使用何种格式，甚至不知晓为何需要有这么多可用的格式。

JPEG/JPG

JPEG/JPG 图片格式是通用的有损压缩格式，主要用于数码图片。当你用平板电脑、智能手机或单反相机拍照时，图片将保存为 JPEG 格式。

> **注意**
>
> 　　可将图片保存为有损压缩或无损压缩格式。一些图片格式具有有损或无损的保存选项，例如 PNG 格式。当使用无损压缩方式时，图片的所有信息都被保存下来。当使用有损压缩方式时，使用减少图片总体大小的算法进行图像保存，该算法是以破坏原始图片为代价的，例如 JPEG 格式。保存后的这幅新图片拥有新的数据，当编辑后再次通过有损压缩保存时，将会丢失更多图片细节。有损压缩过程会增加失真、减少色值、降低精度，对图片质量产生人为损害。

JPEG 格式可以保存为不同质量级别的图片，可以改变图像包含的信息和文件的整体大小。JPEG 文件使用的压缩是有利的，因为在 Photoshop 中以 60% 的品质即可保存一幅高质量的图片，图 11.1 展示了同一幅图以不同品质保存的对比效果。

正如你所见，设定的品质越高，最终图片越形象，人工补全成分越少。

> **小贴士**
>
> 　　JPEG 文件通常可以正常保存，也可以保存为一种交错格式。交错格式会稍微大一点，但是在 Web 页面上显示时，图片加载会更快，因为图

片绘制时是连续的。页面下载完成时图片已经展示了，该技巧令人相信页面加载更快，有助于减少页面重绘。

图 11.1　左图显示的是以高品质选项保存的图片，右图是以低品质选项保存的图片

作为设计师，图片需要数以百计或更多的颜色时，应尽量使用 JPEG 格式。例如当你需要展示复杂颜色值（例如皮肤）时，应该尽量使用 JPEG 格式。

JPEG 图片的大小取决于图片所包含的信息。为了缩减文件尺寸和增强视觉导引效果，可以通过虚化或淡化图片的某些区域，来减小用于复原成千上万的精准像素的数据量，图 11.2 展示了是如何做到这一点的。

图 11.2　通过虚化、淡化背景，使得焦点集中于主题，文件大小从 108KB（下图）减少到 36KB（上图）

JPEG 图片格式的其他特点如下：

- JPEG 文件支持的最大分辨率为 65535×65535。
- 因为采用有损压缩，反复编辑、保存 JPEG 文件会使得图片质量下降，因此，应保存原图。
- 目前所有现代浏览器和大部分传统浏览器都支持 JPEG 文件格式。

GIF

GIF（图形交换格式，Graphics Interchange Format）区分了：是选择有趣的、花哨的图片，简洁、无声视频，还是透明的图标或颜色较少的图片。

GIF 格式从 1987 年 CompuServe 开始使用，并迅速占领了几乎所有好看的 GeoCities 网站（你一定不记得那些如同噩梦般的时代了）。在那个时代，在初级网页上仅仅能通过 GIF 添加简单循环的动画。

除了为用户展示简短剪辑、旋转的地球仪或者加载图片，GIF 文件提供了更多功能。GIF 文件在使用简单、颜色很少的内容上是支持得非常完美的，例如 Logo 图片。图 11.3 展示了 GIF 文件和 JPEG 文件的对比效果。

图 11.3　上面一幅 GIF 图片是 5KB，下面一幅 JPEG 图片是 13KB

GIF 文件也支持透明，这一特点非常有用，但是是有代价的：图像必须有一个相匹配的背景，否则图片显示有锯齿状边缘，或者在透明区域上显示块状。图 11.4 展示了 GIF 透明文件的使用。

图 11.4　两幅图都是透明的；右边有一个背景填充，使它看起来没有锯齿状边缘

GIF 文件的其他特点如下：

- GIF 文件支持 256 色调色板。
- GIF 文件使用 LZW 无损压缩。
- GIF 的官方发音类似于 Jif，是花生酱的品牌。
- 所有的现代浏览器和多数传统浏览器都支持 GIF 文件。

PNG

多亏了 GIF 文件格式的不足（不提 Unisys 和 CompuServe 的认证问题），PNG（Portable Network Graphics）格式诞生了。

PNG 格式的目标是不仅要取代 GIF 图片格式，而且要成为互联网上最主要使用的图片格式。

使用 PNG 格式，几乎所有你想要的图片效果都可以达到。PNG 比 GIF 的透明支持得更好，并且色彩空间更宽，允许保存与 JPEG 图片相同数量的颜色。

事实上，如果你使用 JPEG 格式创作图案或梯度图像，一旦转为使用 PNG 格式就会发现明显差异。这是因为 PNG 格式有精确的色彩演绎并采用无损压缩算法。JPEG 文件使用适当颜色的填充。

保存 PNG 文件时可以使用一个技巧，即在 Photoshop 中使用色调分离。通过色调分离可以减少图片的色调数量。如果使用色调分离过多，图片将损失细节和位深。使用该技巧的方式是：在编辑图像时，在菜单栏中选择"图片 –> 调整 –> 色调分离"即可。使用色调分离越少，图像将越小。当对你的图像进行色调分离时，仔细检查你的图像，这非常重要，因为有可能会丢失图片细节。图 11.5 展示了使用该技巧保存的图片。

图 11.5   左图是原图，大小是 18KB；右图采用了色调分离，大小为 16KB。

两幅图片的差异是非常微小的。通过使用色调分离能减小文件尺寸，但仍然呈现的是高质量的图片。需要注意的是，图片仍然包含透明区域。与 GIF 不同的是，透明区域没有锯齿边缘，呈现得非常平滑。

PNG 文件的其他特点如下：

- 所有现代浏览器都支持 PNG 文件，但并不是所有传统浏览器都支持透明度。
- 尽管 PNG 是一种新的格式，一些图片采用 GIF 格式文件会更小。
- PNG 文件使用无损压缩，可以在 PNG 文件上重复编辑和保存，而不需要担心图像信息丢失。
- PNG 文件可以是动态 PNG（APNG），浏览器对此支持是非常有限的，可以肯定的是，只有当使用 Firefox 浏览器时可以支持 APNG。

WebP

WebP 是一种最新的图像格式。这种格式从 VP8 视频压缩编解码器开始就有着深远的历史。WebP 技术最早是由 On2 开发的，现在由 Google 支持。转换和压缩图片为 WebP 格式的工具可参考 https://developers.google.com/speed/webp/。一些图片处理软件也支持 WebP 格式，例如 Pixelmator（www.pixelmator.com/）。

　　WebP 格式与 PNG 格式类似，支持高数量级的颜色，支持透明度。这也使得 WebP 适用于代替 JPEG、GIF 和 PNG 格式。

　　WebP 文件在减小文件尺寸方面取得了惊人的成效，如果有视觉干扰的话那也是非常小的。图 11.6 展示了不同图像格式之间的差异。

图 11.6　每种格式显示的图片差异非常小，并且 WebP 格式是最小的

值得注意的是，图 11.6 所示的每个文件大小如下：

- PNG：153KB
- GIF：42KB
- JPEG：30KB
- WebP：18KB

当考虑到移动用户的时候，WebP 不仅是值得考虑的，而且是救生艇。

WebP 文件的其他特点如下：

- WebP 支持动画，类似于 GIF 文件。

- WebP 同时支持有损压缩和无损压缩。
- WebP 支持的最大分辨率为 16384×16384。
- 支持 WebP 的浏览器仅限于 Chrome、Opera（最小支持情况可参考 http://caniuse.com/webp）。

压缩工具

20 世纪 80 年代的卡通动漫制作人认为了解图像格式的类型使用是成功的一半。另一半便是使用各种实用压缩程序。

在多次会议上，当讨论到网站策略时，我对参会者们反复唠叨过，我从他们的网站上下载下来的图片有 10%~25% 都是过大的。

我是如何做到这一点的呢？通过使用正确的工具，添加正确的纠正措施。让我展示我经常使用的工具吧。

JPEGmini

JPEGmini（www.jpegmini.com/）同时是 Web 服务和应用程序。它可以优化部分不易被人眼识别的 JPEG 图像占用的空间。注意，使用单反相机或数码相机拍摄的图像效果最好。如果你使用它已经压缩的图像，减小的空间将会小得多。这听起来有点牵强附会，但如果你尝试这个服务，会发现令人满意的惊喜。

Web 服务很容易使用。通过访问网站 www.jpegmini.com/main/，从电脑里拖曳一幅照片到浏览器（或者通过图片上传功能），随即将进行图片处理，并出现一幅新图片，并且展示节省了多少空间。

如果你运行一个设计机构，你可能感兴趣的是 JPEGmini 使用服务器技术提供的批处理功能。

JPEGmini 具有可用于 Windows 和 MAC OS X 两个版本的桌面应用程序。它们之间的区别是文件的大小、处理的速度、是否需要 Adobe Lightroom 插件。

PNGGauntlet

PNGGauntlet（http://pnggauntlet.com/）是一个 Windows 系统中压缩 PNG 文件的应用程序。

如果你在压缩 PNG 文件，可能听说过 PNGOUT、OptiPng、DeflOpt。这些为 PNG 文件优化的应用程序有助于减少文件尺寸，同时保证质量。PNGGauntlet 让你处理文件时将所有这些应用程序合三为一。

在这款易用的应用程序中，选择一个输出文件夹，然后拖曳图片到应用程序中（或者通过添加图片按钮），会立即执行图片处理。

有时会发现该程序被"卡死"，这是因为程序在处理图片时执行的高密度的数学操作导致的。

图像优化工具 Radical

另一个我在 Windows 电脑中使用的应用程序是 RIOT（Radical Image Optimization Tool）。

RIOT（http://luci.criosweb.ro/riot/）可作为一个独立的 Windows 应用程序，也可以作为其他图像处理程序的插件，例如 GIMP（www.gimp.org/）。

这个应用程序是我最喜欢的图像工具之一，因为它支持 JPEG、GIF 和 PNG 文件格式。它支持双窗口，便于与源文件进行比较，而不需要使用命令行或类似的工具提供的"猜测、优化、重复"等方法。

RIOT 不仅包含压缩选项，还可以改变遮光、色阶、色彩以及一些基于图片格式的大量选项。

ImageAlpha

ImageAlpha（http://pngmini.com/）是我最喜欢的 PNG 压缩工具。这个应用可运行在 OS X 系统中并且是免费的。

ImageAlpha 背后的魔力在于它采用无损的 24 位 PNG 图像（或任何 PNG 文件），改变压缩损耗和 8 位真彩色的色彩空间。这会影响你再次编辑图像的能力（由于有损压缩），但对于大多数生产图片来说，这应该不是问题。

就我个人而言，我使用 ImageAlpha 作为手动过程的一部分。这给了我查看图片的机会，并确保我得到以最少的视觉干扰压缩到最小的图片。

示例工作流如下：

1. 在 Adobe Photoshop 中保存图片时勾选"存储为 Web 所用格式"，并选择 PNG-24 预设格式。

2. 打开 ImageAlpha，调整后使用预览窗口可看到更改后是什么样子。

3. 保存图像并选择"通过 ImageOptim 进一步处理图像"的复选框。

通过遵循这个工作流，我在原图基础上节省了 202 KB（77%）。图 11.7 并排显示了这两种图像的比较。

图 11.7　原图 264 KB（左），压缩文件 62 KB（右）

即使使用的是自动化流程，你仍然可以得到一些不可思议的收益，但我强烈建议手动审查文件，以确保不会牺牲过多图像质量得到最好的压缩效果。

ImageOptim

ImageOptim（http://imageoptim.com/）是我的图像压缩实用程序的第二选择。仅支持 OS X，可处理 PNG、GIF、JPEG 文件。

事实上，这是一个奇特的应用程序包，可用于 PNGOUT、Zopfli、Pngcrush、AdvPNG、OptiPNG、JpegOptim、jpegrescan、jpegtran 和 Gifsicle。你可以自己运行这些工具，但是为什么要努力去尝试 ImageOptim 是否适合你呢？

使用 ImageOptim 处理图片就像打开程序和拖动你想优化的图像一样容易。注意，这会覆盖你的图片原件，所以你需要创建一个新的包含你想压缩图片的文件夹，然后再使用这些文件。

正如前面所提到的，ImageOptim 与 ImageAlpha 配合使用时性能很好。我甚至发现它对于已经通过 JPEGmini 压缩过的图像仍然非常有用。

如果你使用的操作系统是 OS X，那么 ImageOptim 是你必选的工具包。

TinyPNG

TinyPNG（https://tinypng.com/）开始是一个神奇的网站，工作方式和 JPEGmini 非常类似。它允许用户上传 PNG 文件，并返回精炼和优化后的文件。

同时，它会计算你上传的文件，改变颜色的位深，清理透明度。但结果是惊人的，你可以将文件大小节省 50% 到 80%。

一个相对较新的特性是 TinyPNG 推出了可开发的 API。这可能表面上看起来不是一个大问题，但是，在你自己的公司或自由的工具里有能力利用其压缩服务是一个令人兴奋的前景。

另一个新特性是它提供 Adobe Photoshop 的可用插件。这个插件为 PNG 添加更广泛的光谱支持，允许批量导出所需文件，这些功能也可以通过在线使用压缩服务。

压缩结果

正确地选择合适的图像格式和压缩工具，甚至一开始可能不足以让你这么做。看看网站的统计，看看可以保存多少数据来帮助被打破的平衡，才会让你开始使用正确的图像。网络团队 Etsy 发现了一个有趣的现象，仅在网站上增加 160KB 的图像，移动设备端的用户的跳出率就增加了 12%（参见 http://programming.oreilly.com/2014/01/ web-performance-is-user-experience.html）。

你可以以多种方式收集信息，但是我发现最简单方法是下载并安装 Mozilla Firefox（www.mozilla.org/en-US/firefox/new/），安装 Chris Pederick 开发的扩展工具（http://chrispederick.com/work/web-developer/）。

当你安装了这两个工具后，浏览网站时就会看到你想要的统计数据。统计自己的网站会给你最好的视角，但你也可以统计竞争对手的信息以获得想要的数据。

打开网站，单击信息，然后在 Web 开发人员工具栏中单击"查看文档大小"项。此时应该会出现一个新的页面，显示页面统计信息。图 11.8 展示了菜单选项和结果。

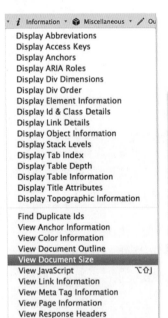

图 11.8   查看文档大小（左图），在新选项卡中生成了报告（右图）

正如你从报告中所看到的，页面上有 74 张图片，占用 429KB 的空间。

在这 74 张图片中，我访问了 49 张，共计 283.9KB。图 11.9 显示了通过 ImageOptim 统计的这 49 张图片的运行结果。

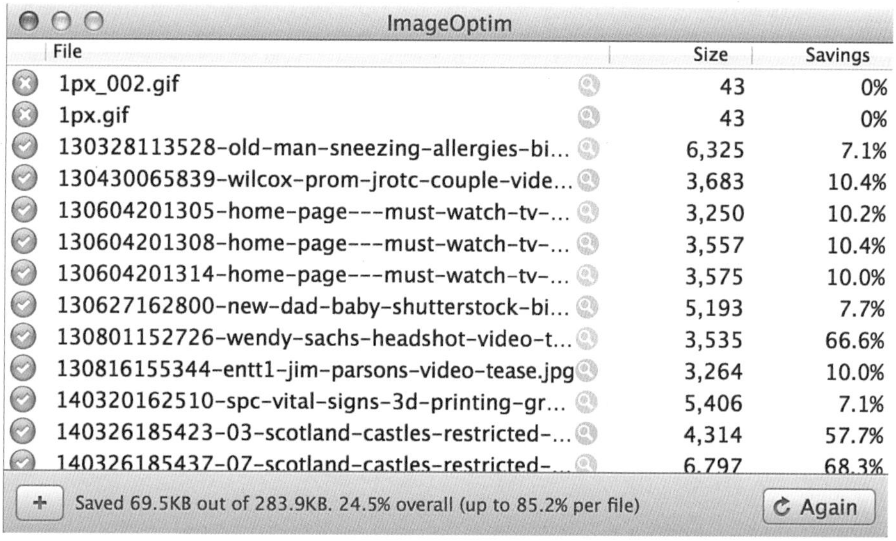

File	Size	Savings
1px_002.gif	43	0%
1px.gif	43	0%
130328113528-old-man-sneezing-allergies-bi...	6,325	7.1%
130430065839-wilcox-prom-jrotc-couple-vide...	3,683	10.4%
130604201305-home-page---must-watch-tv-...	3,250	10.2%
130604201308-home-page---must-watch-tv-...	3,557	10.4%
130604201314-home-page---must-watch-tv-...	3,575	10.0%
130627162800-new-dad-baby-shutterstock-bi...	5,193	7.7%
130801152726-wendy-sachs-headshot-video-t...	3,535	66.6%
130816155344-entt1-jim-parsons-video-tease.jpg	3,264	10.0%
140320162510-spc-vital-signs-3d-printing-gr...	5,406	7.1%
140326185423-03-scotland-castles-restricted-...	4,314	57.7%
140326185437-07-scotland-castles-restricted-...	6,797	68.3%

Saved 69.5KB out of 283.9KB. 24.5% overall (up to 85.2% per file)   ⟳ Again

图 11.9　ImageOptim 给出了一些令人印象深刻的结果

正如图 11.9 所示，每张图像至少可以缩减 85.2%，一共可减少 24.5%，253.9KB 可以减少至 214KB。

记住，这仅仅是在一页。如果你可以在整个网站节省 10%，这将让你的网站在任何设备和平台都更进一步接近成功。

小结

在本章中，你了解了不同的图像格式以及适当的时候使用合适的图片格式。你知道 WebP 格式是一个很有前途的解决方案，它以最小的文件大小提供了非常灵活的图像。

你也了解了一些非常有用的工具，可以使用于 Windows 或 OS X，或者在网络上使用在线服务。这些工具和应用程序可以帮助你得到的图像，使移动用户可以享受它们，看到你的杰作。

你还通过一个案例了解了为什么这些优化服务对于你的手机用户至关重要。

第 3 部分

性能优化

第 12 章

条件 JavaScript

即使你已经开始进行移动设计，但请仔细观察你的内容，
为了创建一个真正的杰作，你仍然需要考虑精细的交互方式。
最适合桌面用户的设计，并不一定适合移动用户。同样的道理，
适用于平板电脑的设计并不适合于手机。这就是为什么需要通
过添加条件 JavaScript 可以产生完全不同的效果的原因。

为什么使用条件 JavaScript

当开始思考用户是如何与你的网站进行交互的时候，你必须确保他们期望的能够实现。这适用于网站上的任何一个提供任何程度的交互作用的元素或组件。

为了帮助你的大脑思考用户与你网站交互的细节，想一想 Android 是如何使用片段来基于屏幕大小变化的。图 12.1 展示了 Android 片段是如何工作的。

图 12.1　在竖屏上新闻显示为列表（左图），在横屏上呈现新闻来源清单以及新闻故事（右图）

在图 12.1 的左图中，你看到了两则新闻，但没有可见的菜单来帮助在不同的新闻之间切换浏览。这是在手机上展示的视图。在右图上可以看到当在平板电脑或宽屏设备上应用程序的视图展示效果。这时故事挪到右边并进行重新格式化，左边会出现一个菜单，用户通过菜单可导航到不同的故事。导航和故事基于设备的屏幕大小显示在不同的视图和区域。

Android 使用片段来达到效果，通过 CSS 媒体查询也可以实现，它充分体现了需要从每一个可能的角度来看你的设计。稍后讨论的内容将包括如滑块和图像库等元素。

滑块

对于那些想填鸭式地达到完美设计的人来说，滑块是开发者的毒药，是管理者的福利。

使用滑块应该考虑如下因素：

- 需要展示多大尺寸和数量的幻灯片？
- 移动用户能够阅读到内容吗？
- 触摸屏用户能否用手势控制滑块？
- 移动用户是否应该被迫下载和桌面用户相同的内容？

这些问题是非常重要的，说明了可用性以及滑块对于网站速度的影响。不幸的是，这些问题远比你想象的要复杂得多。

例如，如果决定对触屏支持手势的功能，你需要确保为使滑块不大于屏幕，需要对滑动做高度容差或者做宽高比的支持。

这一点很重要，因为一些滑块在手势支持中往往会有"滑动阻塞"现象，从而阻止了滑动页面。图 12.2 展示了滑块大小超出移动设备的情况。

这取决于你的网站情况，你甚至可以选择在小屏幕上移除滑块，在大屏幕上显示滑块。这是一个保护带宽较小的设备非常好的方法，并且避免了潜在的手势阻塞的缺陷。

其他元素也需要仔细检查相似的行为。有时你会发现，不是简单地决定如何使用某一个元素作为网站的一个组成部分，重要的是如何重新排列。

图片库

图片库展示了几乎每一个可以想象的在解决不同屏幕的大小时的痛点。这并不是说明图片库很糟糕，而是因为没有统一的展示用户使用信息的方式。

有如下几种滑块的交互方式：

- 单击或触摸缩略图改变主图。

图 12.2　滑块占用了太多的空间，使得用户没有单击和滑动的区域来滑到下一页

- 单击图片后在模拟窗口中查看更大的图片。
- 单击图片或缩略图开启模态窗口，该模态窗口可以查看上一张、下一张图片。
- 使用滑块展示图片。
- 结合之前的使用方法，包括在一个新窗口或选项卡中显示特大号图像。

既然已经开始思考交互方式了，让我们思考另一种方式。如果你设计使用一张大图，占据屏幕的一侧，然后在另一侧使用缩略图和其他描述性信息会怎么样呢？

这是在大屏幕上可以接受的解决方案，在屏幕足够大的情况下可以选择使用该方案。然而，在移动设备屏幕上，你将获得一张缺失细节的小图，或者你不得不进行页面处理使得图片优先展示，随后再展示细节和缩略图。这是一个可选的方案；然而，你需要关心交互处理方式，当用户单击缩略图时的变化不会引起不适感。图 12.3 展示了一些潜在的风险。

图 12.3　在主图中可见众多细节，但是缩略图却无处可寻

图 12.3 展示了很糟糕的用户体验，因为用户不得不寻找缩略图。尽管用户尝试找到了，在试图进行交互时也发现不了任何变化。

这是你应该考虑使用条件 JavaScript 来增强设计的一个主要原因。

使用条件 JavaScript

条件 JavaScript 提供了在特定条件下使用插件、功能和方法等的可能性。

这个概念的另一个方法是渐进增强。你需要找到绝对小的基准开始建立。这个策略是极好的，因为它将涵盖几乎所有设备，但它也密集，需要彻底地测试和开发。

现在向你展示如何创建一个 JavaScript 函数，当然你也可以使用类似的 CSS 媒体查询方法实现。我也展示一些插件，可以以类似的方式使用。

JavaScript 媒体查询

CSS 媒体查询使用浏览器过滤信息来决定何时激活一组特定的风格。

使用条件 JavaScript，首先需要找到浏览器窗口的大小。你可以使用下面的代码行：

```
var cw = document.body.clientWidth;
```

这行代码创建了一个变量cw，可在所有现代浏览器和部分传统浏览器中工作，包括 Android 2.3 的内置浏览器。

现在你可以决定使用的宽度，这里有一个例子展示了如何在你的脚本块中使用宽度：

```
<script>
  var cw = document.body.clientWidth;
  if (cw > 750) {
    alert("You are using a tablet or bigger sized screen!");
  }
</script>
```

在如上的代码片段中，使用了宽度作为判断条件。如果屏幕宽度大于 750px，将提示用户他们使用的是宽屏。图 12.4 展示了在手机和平板电脑上运行的效果。

看过一个简单的例子后，看一下成熟的脚本是如何工作的。清单 12.1 显示了一个外推实现的简单例子。

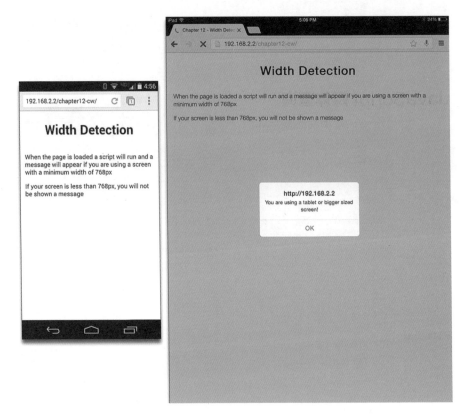

图 12.4　（左图）在宽度小于 768px 的手机屏幕上没有弹出消息框；（右图）在 iPad 上展示时则弹出消息框

清单 12.1　基于屏幕大小使用条件 JavaScript

```
01 //Globals
02 var resize = null,
03    limitSm = 768,
04    limitMd = 960,
05    limitLg = 1280,
06    loadedSm = false,
07    loadedMd = false,
08    loadedLg = false,
09    loadedXl = false;
10
11 function loadSm() {
12    console.log("load the scripts for small screens");
13 }
14 function loadMd() {
```

```
15   console.log("load the scripts for medium screens");
16 }
17 function loadLg() {
18   console.log("load the scripts for large screens");
19 }
20 function loadXl() {
21   console.log("load scripts for extra large screens");
22 }
23 function logistics() {
24   var cw = document.documentElement.clientWidth;
25   if (cw < limitSm) {
26     if(!loadedSm) {
27       loadSm();
28       loadedSm = true;
29     }
30   } else if (cw < limitMd) {
31     if(!loadedMd){
32       loadMd();
33       loadedMd = true;
34     }
35   } else if (cw < limitLg) {
36     if(!loadedLg){
37       loadLg();
38       loadedLg = true;
39     }
40   } else {
41     if(!loadedXl){
42       loadXl();
43       loadedXl = true;
44     }
45   }
46 };
47 // Screen sized reloading:
48 window.onload = logistics();
49 window.onresize = function(){
50   if (resize != null) {
51       clearTimeout(resize);
52   }
53   resize = setTimeout(function(){
54       console.log("window resized");
55       logistics();
56   }, 750);
57 }
```

　　如果你有丰富的 JavaScript 经验，应该能够看出清单 12.1 中的运行结果。对于经验不丰富的读者，我们将逐行过一遍代码清单并解释它是如何工作的。

　　在代码 1~9 行中创建了 8 个变量，这些变量都是全局变量，可在本段代码的其他函数内部使用。

　　在代码 11~46 行中定义的函数在检测到屏幕大小发生变化时将被触发。一些函数在 logistics() 方法内部调用。

　　第 48 行在页面加载完成时立即执行，调用 logistics() 方法，定义了屏幕宽度和可用变量。在第 24 行中定义了宽度变量 cw，并在第 25、30、35 行中与全局变量 limitSm、limitMd、limitLg 进行对比。如果条件判断通过，将触发 if 语句中包含的函数调用。

　　例如，如果变量 cw 取值为 360，将符合第 25 行的条件判断，并且 loadedSm 取值为 false，第 27、28 行代码将被执行。

　　第 27 行代码调用 loadSm() 方法，loadSm() 方法在第 11~13 行中定义。在第 12 行中可以看到，根据 cw 不同的取值，将调用不同的方法，你就可以根据这一点在你的页面上执行不同的定制化代码。将 console.log() 语句改为 alert() 方法，图 12.5 中展示了不同屏幕大小和不同设备下展示的不同消息。

　　图 12.5 展示的消息窗口与其他地方展示的不同，这是根据浏览器的设置风格所展示出的效果。

　　在你的用例中，你可能想仅触发一次脚本。变量 loadedSm、loadedMd、loadedLg 和 loadedXl 阻止了代码再次执行。移除这些变量，屏幕大小一旦发生变化，脚本就可以被执行。

> **小贴士**
>
> 　　你可能记得在开发时常常使用 alert() 方法进行调试。这个方法已经废弃了，可以使用 console.log() 方法替代。这个新方法提供了一个广泛的选择测试和监控 JavaScript 代码的方法。需要注意的是，传统浏览器（如 IE9 以下版本浏览器）不支持 console.log() 方法。切记在生产环境中务必将 console.log() 方法移除。

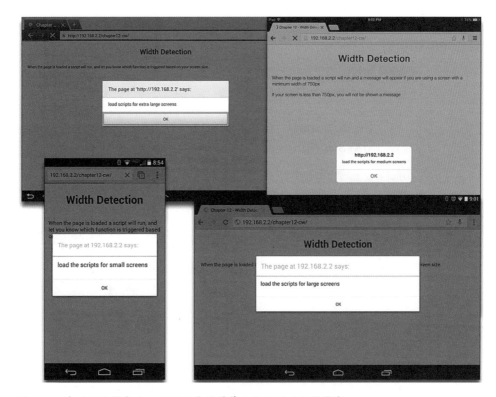

图 12.5　在不同的设备上，不同尺寸的屏幕上呈现了不同的消息

通过使用脚本，你可以解决诸如添加插件的问题，甚至用编程方式调整元素以便适配可用空间。

我建立了一个示例页面，你可以在自己的设备上查看网站 www. mobiledesignrecipes.com/rmd/chapter12/。该页面采用清单 12.1 中的代码实现，并在最小宽度是 768px 的屏幕上使用一个加载滑块的方法。

如果你使用一个低分辨率的设备，使用竖屏，或在一个更大的设备上使用横屏，当改变方向时可能会注意到一些有趣的效果。如果在页面加载时，使用横屏，滑块将被加载，切换到竖屏时，仍然加载。然而，如果你使用竖屏加载页面时，滑块将不会被加载。在这个例子中，将首先显示一张图像，然后转向横向时加载滑块。图 12.6 演示了不同设备加载页面的效果。

注意，在这个例子中，第一个图像是在更大的设备上加载。为了解决这个问题，可能需要考虑使用一个元素的固定比例作为一个占位符，然后基于屏幕大小加载图像或滑块。

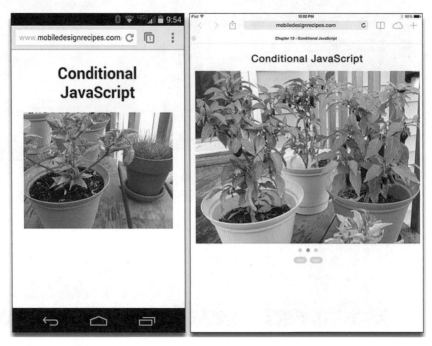

图 12.6　（左图）小屏幕仅展示图片，（右图）大屏幕加载滑块

使用 JavaScript 插件

上面介绍的实现脚本可能适合你的需要，但是，有时你会发现使用已经成熟的代码更加快速和有效。这些脚本通常被称为插件，可从插件存储库、代码库，甚至代码示例站点获得。 GitHub（https://github.com/）、Codepen（http://codepen.io/）和 jQuery 插件网站（http://plugins.jquery.com/）等都是寻找插件的好地方。这些地方便于与开发人员沟通，阅读其他用户遇到的问题，并能集中地看到更新和 bug 修复方法。

jRespond

jRespond（https://github.com/ten1seven/jRespond）已经存在一段时间了，对于

管理 JavaScript 内响应和自适应网站是一个更好的选择。当建立我们的第一个响应式网站时，jRespond 是我的团队使用的插件之一。

这是一个相当灵活的框架，可以帮助你达到你想要的速度和用户体验。

mediaCheck

如果访问 jRespond 网站，你可能已经注意到一个提示：如果不支持传统浏览器，你应该查看 mediaCheck（https://github.com/sparkbox/mediaCheck）。mediaCheck 是亚马逊 Sparkbox 团队带来的。通过使用 `matchMedia()` 方法的回调函数可以检测窗口大小变化事件。

`matchMedia()` 方法使你能够使用浏览器信息，判断当前可视区域是否适合使用 CSS 媒体查询。下面的代码片段检查当前的浏览器是否适合 320px 的媒体查询。如果支持，将执行 `alert()`：

```
if (window.matchMedia("(min-width: 320px)").matches) {
  alert('Your screen is at least 320px wide!');
}
```

可以通过 `else`、`if else` 或类似的逻辑来处理媒体查询。尽管这是 JavaScript，看看 mediaCheck，减少"JavaScripty"，增加 CSS。如果你好奇传统浏览器的支持情况，可以访问 http://caniuse.com/matchmedia 查看特定的浏览器支持列表。

ConditionerJS

ConditionerJS（http://conditionerjs.com/）标榜自己是"无冻结、支持环境检测的 JavaScript 模块。"如果你的开发团队目前使用的是 RequireJS（http://requirejs.org/），使用 ConditionerJS 会更加便利。

作为一个公平的警告，在撰写本书时，ConditionerJS 正在发展中。因此，你应该把它当作一个实验性插件，小心地使用。我在这里提到它，因为它是一个十分有前途的插件，能够很好地与模块化的体系结构相结合。

ConditionerJS 的使用和设置超出了本书的范围，ConditionerJS 官网提供了一些设置和使用的说明文档。

小结

在本章中，你了解了条件 JavaScript 是不容忽视的。可以使用它来帮助页面在正确的时间加载插件，而且它可以帮助你减小你的网站尺寸，不加载用户使用不到的文件。

你还了解了如何使用 JavaScript 来检测屏幕大小，并基于当前屏幕大小运行部分功能。一些示例代码可以修改后用于你的项目。

最后，你还了解了一些可以基于屏幕大小帮助管理 JavaScript 的插件。你也了解了 matchMedia() 函数，这是一款可以帮助你把它应用到项目中的插件。

第 13 章

Web 组件

Web 组件是 Web 日常开发中的英雄模范。如果你曾经创建过一个样式指南或者在项目中反复使用某一元素，你就能理解 Web 组件的必要性。设计中的每一个可重复的部分都有可能作为 Web 组件。

到目前为止，创建一个可重复使用、可定制功能的组件几乎是不可能的。在本章中，你将了解Web组件是由什么构成的，更重要的是，了解如何创建自己的组件。

使用 Web 组件

你可能没有意识到，但你已经知道什么是 Web 组件——你可能已经在你的一些项目中使用了 Web 组件。开发人员和设计人员每天都通过使用 Web 组件在不同的 Web 项目中（网站或应用程序）添加小部件和额外的功能。

开始使用 Web 组件的最佳方法是查看一些例子，这些例子你可能已经很熟悉了。然后我带你一起查看文档对象模型（DOM）和 Shadow DOM。完成这些之后，我将展示一些 Polyfill 项目，这些项目使你能够使用自定义 Web 组件而不必等待常用浏览器支持。

> **小贴士**
>
> 你可能不确定什么是 Polyfill。Remy Sharp 把 Polyfill 定义为："Polyfill 或使用 Polyfill 者，是一段代码（或插件），为开发者提供浏览器的一致性支持"（http://remysharp.com/2010/10/08/what-is-a-polyfill/）。一些插件使用 Polyfill 来保证所有浏览器能提供相同或相似的体验。

Web 组件示例

Web 组件是由几个具有特定功能的元素组成的，与不同样式和 JavaScript 捆绑在一起协同工作。

你可以把 Web 组件看作专门的小部件，可在网站上多处重复使用。

音频元素

HTML 中的 audio 元素是 Web 组件很好的例子。以下是在 HTML 文件中如何使用 audio 音频元素的示例代码：

```
<audio controls>
  <source src="audio.ogg" type="audio/ogg">
  <source src="audio.mp3" type="audio/mpeg">
```

```
This browser does not support the audio element
</audio>
```

　　这段代码在浏览器中被渲染后，将显示一个对象，看起来一点也不像所使用的 HTML 标记。图 13.1 显示了在浏览器中查看音频元素。

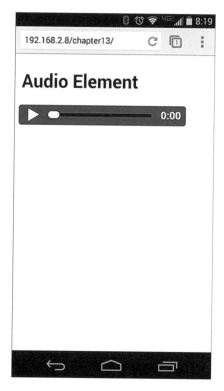

　　图 13.1　音频播放器上展示了播放 / 暂停按钮、进度条、时间进度和音量控制

　　这个简单的音频播放器是相当惊人的。它包含的元素和功能已经可用，而无须添加任何样式或 JavaScript 脚本。事实上，如果你查看播放器的实现代码，会发现音频播放器是由一些 div 和 input 元素组成的。

　　随后，浏览器通过用户代理样式表对这些元素的样式进行渲染。所有浏览器附带一个版本的样式表，并使用它来呈现默认元素。这是一些开发商和设计师使用重置样式表的原因之一：它专门为众多的元素设置样式，这迫使浏览器丢弃内置的样式而使用重置的样式。

现在看看另一个例子，一个已经在使用的 Web 组件：video 元素。

视频元素

视频 video 元素与音频 audio 元素密切相关，而且有很好的理由。二者都用于播放媒体文件。当然，主要的区别是，视频元素可以播放视频文件，而不只是音轨。

可以在你的 HTML 文件中使用以下视频元素标记来显示视频：

```
<video controls>
  <source src="video.mp4" type="video/mp4">
  <source src="video.ogg" type="video/ogg">
  This browser does not support the video element
</video>
```

根据所使用的浏览器，一个类似于音频播放器的视频播放器将呈现出来。图 13.2 显示了在浏览器中呈现的视频元素。

图 13.2　视频显示的区域，以及一些熟悉的用于操作视频回放的控制键

如图 13.2 所示，video 元素转换为元素的集合，然后连接在一起，由浏览器呈现样式。

这可能有助于你将 Web 组件看作通用对象。你可能知道自行车是什么样子的，即使它具有不同的配置（例如一辆公路自行车相比于山地自行车），但这仍然是一辆自行车。与实际的自行车类似，你可以替换组件，使用 Web 组件创建一个定制化的体验。以这种方式，可以创建在每一个浏览器中展示均一致的对象。

最后一个 Web 组件示例是目前已被投入使用的一种输入框类型 input。

日期输入

如果你曾经在一个应用程序或网站内要求用户设置日期或输入日期，或以其他方式使用日期，你可能已经使用过 date 类型的 input。

使用以下代码片段就可以很容易地使用日期类型的 HTML 标记输入日期：

```
<input type="date" name="myDate" id="myDate">
```

这个特定的日期输入实际上是非常有趣的，例如它如何呈现在不同的浏览器和设备上。Chrome 浏览器将该输入类型作为一个 Web 组件呈现，包括多个控制选项。这使它非常方便用户输入日期，并且减少用户错误的输入格式。

然而，其他浏览器没有为该特定类型的元素建立 Web 组件，而是显示一个文本类型的输入元素。图 13.3 展示了众多浏览器呈现的样式。

如果不知道各种浏览器显示这个元素的不同之处，你将需要大量的代码重构和大量的视觉检查用户体验，才能将你的代码移到生产环境中。

这就是为什么你应该在发送代码到生产服务器之前要在尽可能多的系统和浏览器中执行测试的一个主要原因。

另一个原因是，我想让你认为这个例子之所以你可以看到，依靠浏览器渲染元素默认样式并不是一个好主意，除非你能保证 100% 的用户将使用该渲染引擎。

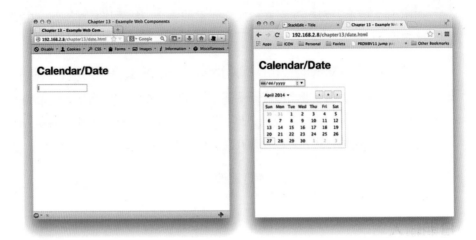

图 13.3　Firefox（左）显示鲜明的文本输入字段，Chrome（右）显示一个功能完整的
日历小部件

要创建属于你自己的、跨浏览器工作的 Web 组件，首先需要了解 DOM 和
Shadow DOM。

使用 DOM 处理

DOM 是用来将元素转换为对象的一个模型。你可以把它作为浏览器和类似的程
序组织 HTML 和 XML 元素的方式。JavaScript 开发人员还可以利用它作为一个 API。

Web 浏览器使用 DOM 解析 HTML 元素，创造所谓的 DOM 树。以此解析你的
代码，然后用样式和 JavaScript 进行渲染，最后你可以看到页面在你的屏幕上呈
现出来。

DOM 有着相当丰富的历史，并且仍在改进和升级。目前，DOM Level 3 是标
准的，但 DOM Level 4 完成后很快就会成为新的标准。

如前所述，DOM 也是一种 API，可以用于定位特定元素并允许你操作或使用
数据。下面是一个通过 JavaScript 访问 DOM 的例子：

```
document.getElementById("container");
```

在这个代码片段中，通过 document 访问 DOM 树。然后通过 getElementById() 方法获取容器的 ID 值，选择一个包含 ID 属性的容器。

运行该脚本返回在 DOM 树上匹配的元素。返回的对象还包括其子元素。图 13.4 显示了在示例页面上运行这个脚本的结果。

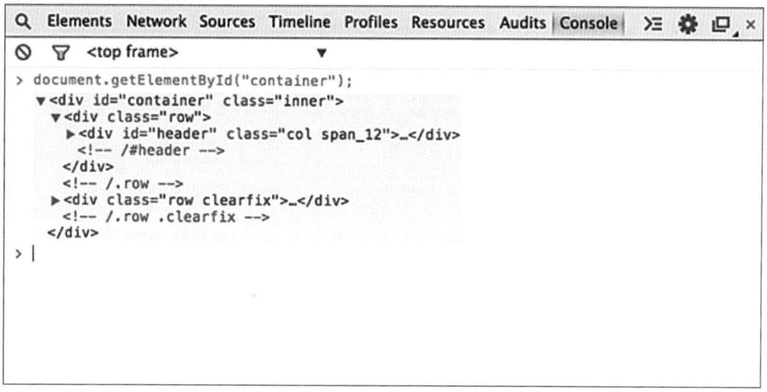

```
Q  Elements  Network  Sources  Timeline  Profiles  Resources  Audits | Console |  >≡  ⚙  ⧉  ×
⊘  ▽  <top frame>                         ▼
> document.getElementById("container");
  ▼<div id="container" class="inner">
    ▼<div class="row">
      ▶<div id="header" class="col span_12">…</div>
        <!-- /#header -->
      </div>
      <!-- /.row -->
    ▶<div class="row clearfix">…</div>
      <!-- /.row .clearfix -->
    </div>
> |
```

图 13.4　在 Chrome 的开发工具中运行该脚本，展开返回的对象并显示其子元素

如图 13.4 所示，返回的元素包含构建 Web 页面的 HTML。所有元素均来自于 DOM 树，看起来都是类似的。

修改该 JavaScript 脚本，使用 Chrome 开发者工具的控制台，或者 Firefox 的 Firebug 或 Web Console，可以选择页面上的其他元素查看返回的结果。所有返回的数据均是标准 DOM 树的一部分，但这对于 Web 组件有何帮助呢？很高兴你这样问，让我再带你简单看看 Shadow DOM 吧。

Shadow DOM

如果你曾经试图创建一个小部件或 JavaScript 插件，可能会遇到重复 ID 的问题。

这在我身上发生过一次，当我创建了一个模态插件，显示具体内容而改变不透明度的背景元素，这样用户会关注我想让他们看到的东西。问题是，我的插件使用常见的名称作为各种 ID，如 content、field 和 container。

当重复的 ID 用于 HTML、JavaScript 和样式时，将不会按照你预期的方式呈现。

这将导致难以修复的 bug 和设计混乱。最后，我不得不为插件使用的每个类和 ID 添加前缀，避免遇到重复。不过，这个具体问题就是让 Shadow DOM 如此吸引人的一部分。

使用 Shadow DOM 时，你不需要再担心重复 ID 或类。每个元素的 Shadow DOM 不是全球 DOM 树的一部分。这使你能够为元素创建有意义的名字，可以自给自足。

你可能认为你已经可以通过使用其他元素，如 canvas 元素来创建小部件和插件了。的确，许多应用程序，如游戏使用 canvas 元素更加易于实现完美兼容。然而，Dominic Cooney 在 HTML5Rocks 网站指出，"这对可访问性、索引、构成、分辨率是敌对的。"现在你知道为什么应该使用 Shadow DOM 了吧，让我向你展示如何使用它。

使用模板

公平地说，你实际上不需要使用 template 元素。可以通过其他方法（例如使用 .innerHTML）创建 Shadow DOM 元素。不过，template 元素目前被大部分浏览器支持，包括 Firefox、Chrome 和 Opera（参见 http://caniuse.com/template for the current list of supported browsers）。正因如此，同时因为它与 Polyfill 项目例如 Polymer 支持完好，下面将向你展示如何通过 template 元素创建 Shadow DOM 元素。

可以通过使用 template 元素来创建 Web 组件使用到的样式和结构。下面是一个可以创建 Web 组件的框架：

```
<template id="myElementTemplate">
  <style>
    /* style me up */
  </style>
  <div>
    structure elements go here
  </div>
</template>
```

当页面加载时，template 元素将不会被渲染。为了加载模板内的元素，需要创建一份模板代码并将其插入到 DOM 树中。

要做到这一点，需要使用 JavaScript 来选择一个元素和模板来填充。以下代码片段显示了这是如何实现的：

```
<script>
  var shadow = document.querySelector('#item').createShadowRoot();
  var template = document.querySelector('#itemTemplate');
  shadow.appendChild(template.content);
  template.remove();
</script>
```

> **小贴士**
>
> 　　并不是所有的浏览器都支持处理 Shadow DOM 所需的 JavaScript 函数。这本书中的例子，使用 Chrome Canary 是因为它支持 Shadow DOM 操作。

你需要添加的小部件或组件可能是完全自包含的，内容和数据均已经准备好，直接添加到页面上即可。然而，如果需要数据是动态的，就必须使用 content 元素。

编辑内容

在模板内添加 content 元素，允许你改变组件的数据，并支持通过 JavaScript 修改数据。

使用上一段模板，你可以创建一个按钮，增加一个 content 元素来改变按钮上的文字。

```
<template id="myButtonTemplate">
  <style>
    /* style me up */
  </style>
  <div class="container">
    <div class="inner">
      <content></content>
```

```
    </div>
  </div>
</template>
```

现在 `template` 元素内部含有一个 `content` 元素，通过使用如下 JavaScript 代码，可以改变按钮的值：

```
document.querySelector('#myButton').textContent = 'Unto Dawn!';
```

注意，传给 `querySelector` 方法的值不是 `#myButtonTemplate`，而是 `myButton` 元素的 ID。具体地讲，这个语句中的 `querySelector` 使用的值就是当你使用 `createShadowRoot()` 方法创建 Shadow DOM 根节点时使用的值。在这段代码片段中，通过 `document` 访问 DOM。`querySelector()` 方法使用 `myButton.textContent` 的 ID 查找 `content` 元素的值，然后将值 "Unto Dawn!" 设置在内容元素上。

Shadow DOM 是现在网络技术中激动人心的一部分，要知道学习和使用 Shadow DOM 不仅可以帮助你塑造你的设计，而且可以很好地支持你的整个代码结构。本节介绍如何开始使用 Shadow DOM，但是你可以使用其他资源推动内容传递的极限。

若要更多地了解 Shadow DOM 及如何使用，请访问以下资源：

- www.html5rocks.com/en/tutorials/webcomponents/shadowdom/
- www.html5rocks.com/en/tutorials/webcomponents/shadowdom-201/
- www.html5rocks.com/en/tutorials/webcomponents/shadowdom-301/
- www.w3.org/TR/components-intro/#shadow-dom-section

Web 组件 Polyfill

如前所述，目前并非所有浏览器都支持实现组成 Web 组件的各个方面和元素。这就是 Polyfill 要解决的问题。

Polyfill 是填补浏览器中不支持功能的某一段代码。

在过去，一个受欢迎的 Polyfill 是 respond.js。这种 Polyfill 在 Internet Explorer 6、7 和 8 浏览器中增加了 CSS3 媒体查询支持。使用 respond.js 对早期响应式 Web 开发至关重要，因为许多用户都不能或不知道替代浏览器的可用性，以此提供一个更现代的 Web 体验。

考虑对 Web 组件的支持时，可以在正确的方向上使用几个 Polyfill 库。

Polymer

我第一次听说 Polymer 项目（http://www.polymer-project.org/）是 Eric Bidelman（谷歌高级开发工程师）2013 年 5 月在谷歌 I/O 大会上发表了题为 "Web 组件：构造转换为 Web 开发" 的精彩演讲。几个月后在促进开发大会上我又听了他的演讲。在这两次演讲中，Eric Bidelman 都以可以轻易复制和使用的完全可定制的小部件和对象使得听众着迷。

除了这个平台易于扩展的功能，使 Polymer 如此具有吸引力的是，它使你能够使用新兴标准开发 Web 组件。即使你担心兼容性或跨浏览器功能，Polymer 使用无数 polyfill 来处理，或者至少优雅地降级，支持大多数（如果不是全部）现代浏览器。

这意味着如果某浏览器目前暂不支持 Shadow DOM，Polymer 库将使用脚本实现。这使得代码干净运行（等待浏览器支持），但优雅降级。

Polymer 元素

Polymer 团队完成了一些真正令人惊叹的工作。此外，Polymer 团队已经意识到许多元素可以在多个项目中使用。

通过使用 Bower（http://bower.io/）包管理工具，Polymer 团队建立和继续使用的元素(更不用说更新)供你添加到项目中。

如果你在系统上已经安装了 Bower，在你的 Web 项目中添加了 Polymer，通过命令行可以很容易地添加特定的 Polymer 元素。

例如，如果你想在布局中添加 flexbox，希望包括 core-layout 元素。在终端输入以下命令即可：

```
bower install --save Polymer/core-layout
```

Bower 是一个非常棒的包管理器工具，因为它使你的存储库保持最新。这有助于开发最新的稳定的代码。之前的核心布局是通过 GitHub（https://github.com/Polymer/core-layout）维护的。

想要了解可用的元素和看到当前可用的列表，可访问 http://polymer.github.io/core-docs/components/core-docs/。

Polymer 项目提供了一个设计和开发具有灵活性、可控和可重用的组件的令人兴奋的机会。

X-Tag

另一种你现在就可以开始使用 Web 组件的方式是利用 Mozilla X-Tag 项目（http://www.x-tags.org/）。X-Tag 项目具有良好的浏览器支持，目前适用于以下浏览器：

- Firefox 5+
- Chrome 4+
- Android 2.1+
- Safari 4+
- Internet Explorer 9+
- Opera 11+

当使用 X-Tag 和 Polymer 时，你会发现重要的区别，X-Tag 不提供处理 Shadow DOM 的 Polyfill。X-Tag 团队决定专注于用其他方法来处理自定义元素和组件，而不是解决处理 Shadow DOM 的性能问题。

X-Tag 通过使用 JavaScript 来注册使用 DOM 元素，然后当 DOM 元素从添加到呈现时使用几种方法执行额外的处理。更多详细指导请访问 X-Tag 网站（http://www.x-tags.org/docs）获取。这是注册一个组件的例子，并执行所有可用的方法。

尽管你可以使用 jQuery、Dojo 或其他 JavaScript 库，但是当使用 X-Tag 时不需要使用任何库。你可以使用标准的 DOM API 来完成整个 Web 组件的设置，这样你的网站包含更少的代码并能取得更快的速度。

如果你对查询文档有点不知所措，不要害怕：你可以查看一个名为 Brick 的组件库。

使用 Brick

Brick（http://mozilla.github.io/brick/）是一个名副其实的项目，因为它包含了许多 Web 组件，可以帮助你建原型、构建，甚至以使用 Web 组件的潜在力量充实你的大脑。

Brick 目前分为以下现成的组件：

- calendar
- flipbox
- slider
- toggle
- appbar
- deck
- layout
- tabbar

当你决定下载并开始使用 Brick 时，为了优化文件的大小，你可以选择需要的组件。然后将需要下载的 CSS 和 JavaScript 文件包含在 HTML 中。

值得一提的是，可以通过 Bower 使用 Brick。组件的使用文档以及添加方法参见官方文档 http://mozilla.github.io/brick/docs.html。

小结

这一章介绍了 Web 组件以及为什么要使用它们的理由。你可能看到一些已经使用到的 Web 组件，以及一些暂不被所有浏览器支持的组件。

　　然后了解了 DOM，包括 Shadow DOM。你看到 Shadow DOM 渲染元素时是在页面上全局 DOM 树之外的。

　　你也了解了一些可以立即用于创建 Web 组件的 Polyfill 项目，可以使用预先构建的元素。

第 14 章

设备检测与服务器请求

本章涵盖了当前进行设备检测的解决方案，以及浏览器向服务器请求资源的过程。

拥有一个能理解设备能力的服务器，对用户和开发人员都有益处。通过了解需要为服务器提供什么，你可以按正确的文件大小发送正确的文件，并保持干净整洁的 HTML 标签。这有助于保持你的站点的可维护性，并使用户感到愉悦。

设备检测

在你的工作过程中，有时需要创意、设计、构建无数面向用户的产品。有时会相对简单：项目的参数很简洁，你可以很容易满足它们。

其他时候，你的雇主会要求你创建针对设备的某个子集的用户体验，这时你就需要使用某种形式的设备检测方法。

不管为什么需要为不同的设备提供不同的内容，有几种方法可以完成这一点。下面列出了常见检测各种设备的方法：

- 使用 JavaScript 检测
- 读取 user-agent 字符串
- 实现设备数据库

这些方法都有效。然而，在使用之前你应该了解每种方法都有哪些注意事项。

使用 JavaScript 检测

可以使用 JavaScript 执行一系列检测，基于设备检测可采用不同的 Polyfill、移除 CSS 引入或进行重定向。

> **小贴士**
>
> 使用 JavaScript 进行设备检测，针对来访的设备对网站进行大量的分区设置或是逐步升级网站都是很有帮助的。但是整体上重定向对于移动网站来说并不是好方法。

使用 JavaScript 进行设备检测的关键是确保先执行脚本。这可以通过利用 onload 事件来实现。作为一个例子，你可以使用以下 HTML 片段：

```
<!DOCTYPE html>
<html>
  <head>
    <script>
      window.onload = function() {
```

```
      // Your JavaScript detection code goes here
    }
  </script>
  <title>My Site</title>
 </head>
 <body>
  <!-- Site code goes here -->
 </body>
</html>
```

这段代码似乎完全落后于所有你所了解的 JavaScript 放置方式。JavaScript 代码会阻止浏览器进一步渲染或处理，直到它完成了 <script> 元素内的代码。通过将代码放置在 <head> 元素中，保证会阻止浏览器渲染而先运行该脚本。

第一行 JavaScript 代码 window.onload 在浏览器加载页面时执行。你希望执行的 JavaScript 代码需添加在注释处。

你选择的要运行的代码将随着你想完成的功能发生变化。一些服务以这种方式进行 A/B 测试，使用重定向，甚至使用一个正则表达式来确定所使用的设备，这样将在适当的设备上加载不同的样式、脚本和小部件。

图 14.1 展示了如何使用 alert() 方法阻止页面执行。

以下列出了使用 JavaScript 进行设备检测的优缺点。

优点：

- 易于实现
- 可基于设备检测改变网站设置
- 与托管提供商合作时不需要修改服务器配置，例如共享主机或虚拟服务器提供商

缺点：

- 当页面逻辑在执行时会阻止页面渲染
- 当发生重定向时，用户将看见白屏
- 提供了一个客户端解决方案，但在服务器上处理会更加优雅
- 影响用户体验的加载时间

图 14.1　设备检测信息显示在屏幕上

读取 user-agent 字符串

几年前，我受邀为一个大型电子商务客户创建一个移动网站。主要需求之一是所有的"移动"设备将被重定向到托管在一个不同域名的"移动"版本的网站。

> **小贴士**
>
> 　　在致力于网站开发之前你需要考虑把内容托管在不同域名的策略。许多搜索服务提供商会因为你在不同的区域托管相同的网站而降低你的搜索排名，因为内容重复带来糟糕的用户体验。出于同样的原因，如果你使用规范的 URL 和其他元数据信息，托管一个独立的站点可能对你不利。

这项特殊任务的背后思想是设备会首先拉取标准网站 www.domain.com，然后再查询设备类型，移动用户将被重定向到例如 m.domain.com 的移动网站上。图 14.2 展示了请求流程。

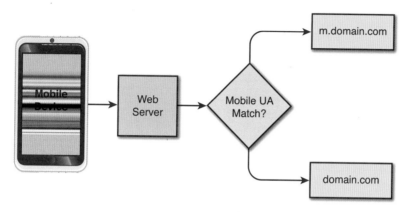

图 14.2　基于设备发送的路由至不同域名的请求

通过 user-agent 字符串可进行设备检测。user-agent（UA）字符串是一个可以从浏览器发出请求中获取到的短信息，帮助确定哪些设备是有效的并具有一些唯一特性。

UA 字符串样例：

```
Mozilla/5.0 (Linux; U; Android 2.3.4; en-us; Kindle Fire HD Build/
GINGERBREAD)AppleWebKit/533.1 (KHTML, like Gecko) Version/4.0
Mobile Safari/533.1
```

要知道，大多数移动设备将以这种方式被分到移动设备组。我只需要在 Web 服务器上写查询脚本，如果需要就查看请求并重定向设备。

通过使用 Apache 服务的重写模块（http://httpd.apache.org/docs/current/mod/mod_rewrite.html），我在 httpd.conf 文件中添加了如下配置：

```
RewriteCond %{HTTP_USER_AGENT} "android|blackberry|iphone|ipod|
➡ iemobile|opera mobile|palmos|webos|googlebot-mobile" [NC]
```

这个特殊的重写使用 HTTP_USER_AGENT 创建了一个测试条件，其中包含 UA 字符串。如果发现列表中的任何字符串，条件判断返回 true 并进一步执行可以在服务器上完成的处理 (如重定向)。

以下是这种方法的优缺点。

优点：

- 易于执行
- 可以调整去除某些设备
- 可以使用 cookie 来绕过路由

缺点：

- 需要一个可维护列表，以适应新设备和用户代理
- 迫使某些设备，如平板电脑重定向到移动网站，即使它们不是 "移动" 平板电脑设备
- 如果使用 .htaccess 文件，将对每一个请求进行评估
- 并不是所有设备都将被检测到
- 可能因包含重复内容而受到搜索引擎惩罚

选择使用 UA 字符串为设备分组是一个相对快速的解决方案，但潜在地损害搜索引擎，对于营销 / 优化来说可能并不值得冒这个风险。使用规范的 URL 可能会减轻一些风险，但这给动态页面引入了新的并发症。还有其他问题，如服务于大屏幕平板电脑的移动版本如 ipad，会使用户头痛。

再次重申，这是你可以设置的一个快速解决方案，但是除非你能够跟上潜在的维护，否则它不是一个长期可行的解决方案。

实现设备数据库

另一种使用 UA 字符串的设备检测方法是使用设备数据库。这些数据库包含特定的设备列表信息，应用程序或服务器可以基于设备特征进行识别和为设备进行分组。

数据库取决于使用的 UA 字符串、屏幕大小、像素密度和各种硬件功能。当设备向你的服务器请求页面时，服务器查询设备，然后检查列表来看看是什么类型的

设备，这样就可以把正确的信息或页面返回或是重定向到另一个页面或网站。

最常见的和持续运行时间最长的设备数据库是无线统一资源文件（WURFL）。WURFL（www.scientiamobile.com/）可以支持几个不同版本的不同的 Web 服务器。例如，API 可以帮助识别设备，可以通过 API 调用服务器插件。注意，一些 WURFL 服务是商业化的，必须购买。

WURFL 的开源替代品是 Open Device Description Repository（OpenDDR）。OpenDDR（www.openddr.org/）提供了 API 调用和设备清单，有 Java 和 .NET 版本。下面列出了使用设备数据库进行检测的利弊。

优点：

- 大部分设备均可检测到，允许进行处理
- 具有免费版和收费版
- 一些内容分发网络提供这个解决方案作为一部分托管成本
- 可以根据设备定制内容

缺点：

- 市场上每月公布的新设备必须维护到用户代理列表中
- 为达到最佳效果，该解决方案必须被整合在一个服务器上，这需要额外的设置和维护
- 如有更新需购买
- 并不是所有设备都可检测

即使你可能想为内容服务使用设备检测，一些第三方诊断应用程序会使用这样的设备列表来帮助提升用户体验。其他平台和解决方案还需要一个设备数据库正确服务动态文件和模板。

为你的服务器配置使用一个设备数据库移动识别可能是最好的解决方案。

HTTP 头部

设备检测是设计和开发所需的一部分，但绝对是有限制的。到目前为止，你

已经看到，检测是可行的，但它通常是一个复杂的过程，在设备没有增加的情况下不能充分处理所有设备。

在我们创建使用于所有设备的"网页"时，需要尽可能地了解 Web 浏览器是如何工作的。在你开始感觉到要渗透这些页面时，让我向你保证，我不会提供教程，教你构建自己的 HTML 解析引擎。我将教你请求是如何在服务器和浏览器之间发生的。

首先，下面是用户获得的简化版的 Web 页面：

1. 用户在浏览器中输入网址。
2. 浏览器执行 DNS 查找以找到服务器。
3. 服务器回复状态消息以及希望请求的站点。
4. 浏览器显示服务器返回的响应。

你可能没有意识到，但是这种模型在每个网站上重复出现。这包括图像、样式、JavaScript 文件和其他所有资源。

这个过程的另一个部分是我确信你已经熟悉的状态信息，下面列出了状态范围。

- 100s：发送请求
- 200s：请求成功
- 300s：重定向
- 400s：客户端错误
- 500s：服务端错误

看到这个列表，你可能认识到文件请求返回状态信息200意味着请求是成功的。

看到一个 301 或 302 消息意味着要求被重定向，304 意味着你想要的文件已经在你的浏览器缓存中。

状态消息 403 意味着你没有访问该文件、文件夹或资源的权限。这类似于 404 消息，这意味着你所请求的资源不能被定位到，即"未找到"。

状态消息 500 意味着服务器难以处理或连接到另一个系统。这些错误通常在系统停机和升级时出现。

继续深入研究 HTTP 请求，请求是由浏览器发起的，发送所谓的请求头和接收响应头。图 14.3 显示了一个 HTML 文件请求。

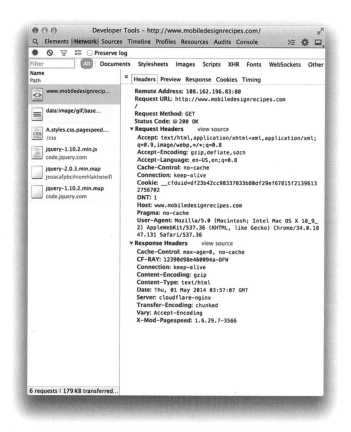

图 14.3　浏览器发送的哪些信息可以被处理，服务器返回浏览器将用于处理的内容信息

如图 14.3 所示，返回文件的状态码是 200，让你知道页面请求成功。还可以看到，用户代理传递到服务器，并且可以看到 UA 字符串，以及浏览器通知服务器不跟踪（DNT）标识被打开。

可以看到服务器返回的文件通过 gzip 进行压缩，并且该响应包含 MIME 类型的 text/html。这让浏览器识别到文件是压缩后的，需要解析并显示为 HTML，这对于正确渲染网站是至关重要的。

当你微调服务器时，其他信息请求 (客户端) 和响应 (服务器) 是有用的。如需更多地了解它们的含义，请访问 https://developer.mozilla.org/en-US/docs/Web/HTTP 和 http://en.wikipedia.org/wiki/ List_of_HTTP_header_fields。

使用客户端提示

检测访问你的网站的设备对于决策和内容变更是非常有帮助的。然而，以上所讨论的许多方法均需要嗅探、扫描甚至延迟页面加载。

另一个有趣的细节是，每个发送到服务器的 HTTP 请求都包含设备的请求信息。如果可以使用这种方法来确定设备的关键特性，然后发送符合的内容，我们将可以节省大量的时间，让我们更接近用户并向其提供更好的体验。

事实证明，一个新的潜在的规范是被 Ilya Grigorik 支持的，Ilya Grigorik 是谷歌的 Web 性能工程师和开发工程师。这一规范被称为客户端提示。

当前的建议是，客户端提示提供了从浏览器到服务器的一些信息，如下所示。

- CH–DPR：设备像素比例
- CH–RW：资源宽度，在与设备无关的像素中给出

你可能没有意识到，但这些值会给你一些相当令人印象深刻的功能。不依靠 JavaScript 了解设备的实际尺寸，可以帮助你正确分析访问你的网站的用户。JavaScript 取决于浏览器返回值，很多时候，这些信息是不正确的：浏览器的窗口，甚至屏幕像素密度无法计算。反过来，这使你能够很好地优化你的设计和创建满足用户需求的体验。

通过设备像素比，你可以在服务器端设置图像或不同位置的默认资源。你可能想知道为什么这是有用的，那么让我告诉你为什么这是一个令人兴奋的功能。

如果你有图片需要显示在视网膜分辨率设备上，可以使用以下标记：

```
<img alt="detailed feature"
     src="detail1x.jpg"
     srcset="detail1x.jpg 1x, detail2x.jpg 2x, detail3x.jpg 3x">
```

在你感到兴奋前，将这段代码添加到到你的页面上，注意，这个标记需要浏览器支持 srcset 属性。

通过使用 srcset，基于设备的功能显示正确的图像。这意味着大多数 iPhone 请求 detail2x.jpg 图像，而三星 Galaxy 手机会使用 detail3x.jpg 图像。

现在使用一个小魔术：通过使用客户端提示和一个小服务器配置进行调整，可以使用下面的代码来提供正确的图片给用户：

```
<img alt="detailed feature" src="detail.jpg">
```

我给你一分钟调整你的下巴。是的，那真的是唯一的标记。让我告诉你魔法是如何发生的。

iPhone 发出一个请求到服务器并将以下信息作为请求的传递头的一部分：

```
GET /detail.jpg HTTP/1.1
User-Agent: Mozilla/5.0 (iPhone; CPU iPhone OS 7_0 like Mac OS X; en-us)
AppleWebKit/537.51.1 (KHTML, like Gecko) Version/7.0 Mobile/11A465
Safari/9537.53
Accept: text/html,application/xhtml+xml,application/xml;q=0.9,image/
webp,*/*;q=0.8
CH-DPR: 2.0
CH-RW: 320
```

服务器 (已配置为使用和支持客户端提示) 查找 CH-DPR 和 CH-RW 值。它执行以下计算：

```
CH-RW * CH-DPR = requiredWidth
```

在这个例子中，iPhone 请求将被解读为：

```
320 * 2 = 640
```

这样就请求一个名为 detail640.jpg 的文件，并提供给用户。

这确实需要做一些工作，需在多个服务器端进行图像处理，你可以提供一些图片，然后让图像被创建并缓存。

客户端提示是一种新兴的技术，还没有最终定稿。你可以了解更多相关知识，并提交你自己的想法，跟进最新发展动态。可以访问以下链接：

- https://github.com/igrigorik/http-client-hints
- http://tools.ietf.org/html/draft-grigorik-http-client-hints-01
- www.igvita.com/2013/08/29/automating-dpr-switching-with-client-hints/

小结

在本章中，你了解了通过使用 JavaScript、user-agent 字符串和设备数据库进行检测设备。

还了解了 HTTP 请求和响应。这包括各种状态码的定义，以及浏览器传送给服务器可使用的信息。

最后，了解了一个新兴的技术，称为客户端提示，旨在保持代码干净和自动化传送资源。

第 15 章

服务器优化

打造一个完美的移动体验并不会因完成了内容策划和对各种屏幕的适配而终止。实际上你的设计是有助于提升交易、增加用户幸福感和用户推荐的。不幸的是，对于用户的连接速度你能做的很少，不过，你可以确保服务器以最快的方式发送正确的内容给用户。

在本章中，你将了解 Web 服务器的相关内容，包括它们能够提供什么，使用什么插件可以优化性能峰值。

服务器配置

最大限度地优化服务器取决于你选择的服务器类型。这个话题本身需要一整本书来介绍整个安装、管理和设置的过程。本章列出了几种受欢迎的服务器，你可以了解到这些服务器所能做的一些信息。

我还将列举一些模块和插件，可以最大化你的内容分发。这些插件不是为每个服务器设计的。然而，使用它们以及它们所做的事情，应该会给你一些工作经验，和一些关于在设置服务器、查找或创建插件时的重要思考。

Web 服务器

打开一个 HTML 模板和相应的样式进行快速编辑可以快速创建原型。使用各种网站生成工具，如 Adobe Reflow 或 Edge，也可以创建功能完整的 HTML、CSS 和 JavaScript 文件，可以为开发人员实现网站初始化工作。

然而，你可能没有意识到，有许多可用的 Web 服务器，每种服务器都不尽相同。这并不是说它们完全不同，而是说当你开始一个 HTML 项目时，它很可能最终成为一个 ASP、JSP、PHP 或其他类型的项目。

Apache

Apache HTTP Web 服务器（http://httpd.apache.org/）是一直可信任的伙伴。Apache 服务器到 2014 年 2 月 17 日已经 17 岁了，它已被时间和战斗测试证明可以作为唯一提供者、集群成员和文件服务器。

Apache 具有出色的文件服务支持，通常所需要的是为服务添加一个新文件类型，即多用途 Internet 邮件扩展（MIME，Multipurpose Internet Mail Extensions）类型的服务器配置文件。它还包括通过 Web 模块扩展的功能。模块的一般规则是，如果你需要一种功能，便可以创建一个模块。

Apache 服务器的另一个好处是，它已经存在足够长的时间，默认情况下它包含几乎所有 Linux 构建和应用程序存储库。这使得你可以很容易地创建自己的"云"服务器或虚拟专用服务器（VPS），然后启动并运行。

Nginx

Nginx（发音是"engine-ex"）是另一个与 Apache 服务器具有一些相似之处的 Web 服务器。它可以作为"标准"的内容和数据的 Web 服务器，它还可以作为其他系统的反向代理配置，包括电子邮件（POP、SMTP、IMAP）和内容缓存（HTTP 和 HTTPS）。

Nginx 服务器与 Apache 具有不同的逻辑模块。Nginx 通过异步方式处理请求，而不是产生新的线程使用过程驱动的方法处理请求。这使得服务器可以处理更大的负载而不消耗额外的资源。

Dreamhost，一家网络托管和域名注册公司，做了一项对 Apache、Nginx 和 Lighttpd 比较（http://wiki.dreamhost.com/Web_Server_Performance_Comparison）的测试。在测试中发现，Nginx 占用的内存最少，峰值时可处理超过 12000 个并发连接。

出于这个原因，Nginx 是高流量、高需求网站的受欢迎的选择。如需了解更多关于 Nginx 的内容，包括如何安装、配置和使用模块的方法请访问 wiki（http://wiki.nginx.org/）。

IIS

如果你希望不仅仅支持静态 HTML 文件，而且可以运行 Windows 操作系统中的服务，你所需的就是 IIS 服务器。

这个服务器是与 Windows 操作系统同时出现的。通过控制面板中的添加 / 删除按钮即可安装该服务器，其被称为互联网信息服务。

随着 Windows 操作系统每个版本的更新发布，会推出新的 IIS。

IIS 服务器可以提供 HTTP、HTTPS、FTP、FTPS、SMTP 和 NNTP 服务。因为 IIS 支持 ASP（Active Server Pages）文件，因此也可以提供动态内容。

ASP 文件允许使用 .NET 创建丰富的动态内容与其他无数系统连接，包括 Microsoft SQL，来获取内容管理系统的动态内容。

如果你喜欢使用 IIS，可以寻找提供共享主机托管的提供商，以及那些让你转移你的 Windows 许可证的虚拟机，授权访问硬件，否则你可能没有权限。

IIS 可以使用内置的插件扩展功能。一些第三方插件允许使用不同的数据库、文件类型，而且更重要的是线程处理。如需了解更多关于 IIS 的知识请访问 www.iis.net/。

Tomcat

Java 开发人员创建和服务动态网站时，Tomcat 服务器提供了本地开发的解决方案和一个健壮的服务器，可以支持 Web 服务应用程序。

Tomcat 使用打包成 WAR 文件的应用程序，包含所有网站代码（包括 Java 逻辑和静态资源，例如 CSS 和 JavaScript），然后"部署"在服务器上供用户访问。

通过使用 JSP（JavaServer Page）文件，使用 "beans" 可以激活 Java 代码，这与分散嵌入脚本代码一样。

发布的每个 Tomcat 版本支持不同版本的 Java 语言。例如，需要 Tomcat 8 支持 Java 7；需要运行 Tomcat 7 支持 Java 6。

Tomcat 是 Apache 基金会的一部分，可以在 http://tomcat.apache.org/ 上免费下载。Tomcat 支持在线安装，但你可能会发现，尤其是在处理聚类 Tomcat 服务器等先进概念时，最好寻找一位支持集成销售的经销商。

NodeJS

作为一个相对较新的 Web 服务，NodeJS 带来了使用客户端语言（JavaScript）创建通用平台的概念，通过使用 V8 处理引擎，可创建快速、灵活的处理器。

NodeJS 是一个异步服务器（有点类似于 Nginx），允许系统动态扩展和复制。

这是 NodeJS 成为非常受欢迎的大型应用程序服务器的原因之一。

NodeJS 是 Joyent 的一部分，且它是一个非常活跃和维护良好的项目。开发人员喜欢 NodeJS 的集成速度，并且可以将前端技术应用到后端处理环境中。

NodeJS 有许多特殊的插件，其中 NPM 最引人注目。NodeJS NPM 是官方的包管理器，开发人员可以创建并提交包给其他开发人员以便安装和使用。

NodeJS 可运行在 Windows、OS X 和 Linux 系统上。如需了解更多关于 NodeJS 的使用和安装知识，请访问 http://nodejs.org/。

服务器插件

Web 服务器经常遇到的问题是，它们不能跟上科技的浪潮，没有遭受使用范围巨变或膨胀的特性。总是试图提供尖端技术的另一个问题是，必须经常测试可能遭受的补丁。

此问题的解决方案是提供一个坚实的解决方案，稳定安装、调整方便。给你一个感觉舒适的、可为大多数设备工作的标准。

至于新特性，例如支持新文件类型、动态图像处理、添加文件压缩等，可以通过使用服务器模块或插件来实现。

在服务器上使用正确的插件不仅可以帮助你提供新的内容，而且它也允许使用新技术以优化的方式提供服务内容。

你现在应该考虑的 4 个 Web 服务器插件是：SPDY、缓存、反向代理、PageSpeed。

SPDY

SPDY 协议是谷歌发起的提供比传统 HTTP 传输更快的 Web 内容服务的一部分。在 2014 年谷歌 I/O 大会上，谷歌宣布 SPDY 项目已经成为 Apache 基金会的一部分。因为它最初是谷歌的项目，Chrome 支持 SPDY。SPDY 的实现也支持 Mozilla Firefox、Opear、Amazon Silk 甚至 IE 11 等浏览器。

为了完成加速内容分发的目标，HTTP 的数据传输部分本身没有改变；而为了优化效率，对数据组织方式进行了优化。

例如，思考如下一个 HTTPS 传输场景。图 15.1 显示了使用一个安全（HTTPS）连接连接到一个网站的性能总结。

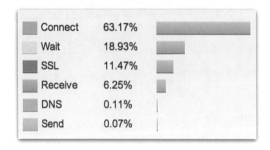

图 15.1 用 Pingdom 工具生成一份报告表明，SSL 使用了 11.47% 的加载时间

请求被包裹在一层里，从服务器进行交换，所以当分发资源时所需时间开始增加。这降低了服务器效率，从而降低页面加载的效率。更糟糕的是，这表明，没有 SPDY，安全网站的载荷传递比不安全的网站慢。

SPDY 协议负责请求的速度问题，以确保整个负载，而不只是一个单一的请求，通过虚拟隧道，协商请求线程多路复用和分发。

简单地讲，所有请求页面，不论是 HTTP 还是 HTTPS，组合成一个单一的请求进行压缩响应。

在 Apache 上使用 SPDY

要使用 SPDY Apache 2.2 Web 服务器，需要下载名为 mod_spdy（https://developers.google.com/speed/spdy/mod_spdy/）的模块。该模块可以作为一个 .deb 文件下载，供 Debian 或 Ubuntu 用户使用；或作为 .rpm 文件下载，供 CentOS 和 Fedora 用户使用。当然，如果你想深入理解代码，可以提取源代码自己构建它。

如果你使用的是 Ubuntu 服务器，可以在终端输入以下命令安装 mod_spdy：

```
sudo dpkg -i mod-spdy-*.deb
sudo apt-get -f install
```

小贴士

当在 Apache 服务器上使用 SPDY 时，mod_spdy 模块必须使用 HTTPS 协议。这意味着你的网站需要安装证书，并进行正确的配置以确保服务器文件的安全。需要注意的是，当使用 mod_spdy 时不一定需要包含 mod_ssl 模块，因为当安装 mod_spdy 模块时也会安装一个支持 NPN（Next Protocol Negotiation）的版本。

安装 mod_spdy 之后，需要重新启动 Apache 服务器。可使用以下命令重新启动服务：

```
sudo /etc/init.d/apache2 restart
```

如果你的系统已经开启或正在运行 Apache 服务，需要使用以下命令进行重启：

```
sudo service apache2 restart
```

当服务器重启后，SPDY 应该已经启用并运行。你可以按照 https://developers. google.com/speed/spdy/mod_spdy/ 上的说明进行测试。

在 Nginx 上使用 SPDY

Nginx 服务器自 1.4.0 版本开始支持 SPDY。这意味着不仅 SPDY 在 Nginx 上能工作得很好，而且有详细的安装文档。

不幸的是，SPDY 不能简单地作为 Nginx 插件或 mod 文件，它必须被编译到 Nginx 安装包中。然而，幸运的是，许多 Linux 存储库已经把 SPDY 编译进发布包里。为了确认安装 Nginx 时是否支持 SPDY，在终端运行以下命令：

```
nginx -V
```

显示的列表中展示了 Nginx 版本号。在列表中，如果你能找到 --with-http_spdy_module，那么恭喜你，你的系统中已经包含 SPDY 了。

图 15.2 演示了在我的终端运行此命令的效果。

如果你运行命令时，在列表中没有看到 --with-http_spdy_module，那么你需要从 Linux 库进行更新或下载,并使用 `--with-http_spdy_module` 作为构建 Nginx 的参数。

图 15.2　为了能方便地找到配置,高亮显示了 --with-http_spdy_module

有 SPDY 支持并不意味着已经启用支持。为了确保服务器已经开启使用 SPDY,需要打开你的 Nginx 配置文件。如果你不知道配置文件在哪里,应该先看看目录 `/etc/nginx/sites-available/`。Ubuntu 系统中的配置文件名为 `default`。

配置中应该有服务器配置部分,专门负责“安全”或 HTTPS 设置。下面的示例显示了配置文件片段:

```
server {
    listen 443 ssl;

    ssl_certificate server.crt;
    ssl_certificate_key server.key;
    ...
}
```

在第二行添加 SPDY。下面显示了如何启用 SPDY:

```
listen 443 ssl spdy;
```

缓存

使用缓存是最快和最容易提高服务器稳定性和内容分发速度的方法。目前许多网站没利用缓存的优势而遭受痛苦，越来越多的用户开始使用他们的网站从而增加很多负载。

缓存的原理是将频繁使用的文件存储在内存中而不是在硬盘中。缓存也使用从动态资源创建的文件，创建一份静态副本，当需要更新时便会更新该文件。

通过提供静态资源而非动态资源，当需要过多地访问数据库或当每次请求页面时服务器都需要编译动态标记（PHP、ASP、JSP 等）为 HTML 时，节省了服务器响应时间。

你可能没有想到你的服务器所做的工作，但它实际上是做了大量的工作来保持所有这些请求排队和服务的。网站流量，特别是当积聚在一个短的时间内的流量，很可能使网站瘫痪。

> **小贴士**
>
> 一些网站不能缓存或包含特定的必须是动态的数据，因此不能被缓存。电子商务网站倾向于在大规模的销售活动中使用缓存，如黑色星期五和"双十一"。为了克服其中的一些问题，可能需要创建一个队列，用户被重定向到一个负载均衡器的"等待"服务器，直到你的主服务器有空闲空间来处理，或提供尽可能多的静态内容，使用 Ajax 请求动态数据的方法。一定要让用户知道正在发生什么，并试图给他们预估时间，而不是一个简单的旋转的圆圈画面。

当使用 Apache 时，你可能会发现一些有用的缓存模块。第一个是 mod_file_cache，第二个是 mod_cache。

mod_file_cache 用于跟踪需求最大的文件，并将它们移到内存中，便于尽可能快地访问到。这意味着，如果你不断地编辑文件，用一个新图替换同一幅图像，构建动态页面，或调整你的代码，你的文件将不会缓存，你不会看到性能提升。

为了开始使用 mod_file_cache，你需要指定开机时将哪一个文件缓存到内存中。在服务器配置文件中以空格分隔的格式列出文件清单。下面是一个使用 MMapFile 的示例。

```
MMapFile /var/www/index.html /var/www/images/logo.png /var/www/
contact.html
```

使用 MMapFile 将文件放置到内存中。即使磁盘上的文件被更新也不会看到变化，除非重启服务器。

另一个选择是使用 CacheFile 缓存。CacheFile 类似于 MMapFile，所不同的是，指针指示的文件都存储在内存中，而不是指向文件本身。你可以把这个作为一个索引或映射，即使不放置在内存中系统也知道从哪里获取文件。需要缓存的文件以空格分隔，这与使用 MMapFile 时一样。以下是一个使用示例：

```
CacheFile /var/www/media/level5.mp3 /var/www/media/demo.mp4
```

这就是使用 mod_file_cache 所需要做的一切事情。你只需要记住，当你做出改变时，必须重新启动服务器才能使配置生效。

mod_cache 模块还利用 mod_mem_cache 和 mod_disk_cache 的功能，让你更好地缓存静态、动态，甚至代理的内容。

首先，需要启用 mod_mem_cache。你可以在终端输入以下命令：

```
sudo a2enmod mem_cache
```

命令完成后，必须重新启动 Apache 服务器，配置才能生效。

> **小贴士**
>
> 　　通过修改配置文件，可以更改许多 Apache 模块。这些文件通常存储在 /etc/apache2/mods-available/ 文件夹下。使用 vi、vim 或 nano 可打开、查看和编辑这些文件。更改后记得重新启动 Apache 服务器，否则配置不会生效。

使用 mod_disk_cache 模块与使用 mod_mem_cache 步骤相同。以下显示

了启用模块所需的命令：

```
sudo a2enmod disk_cache
```

启用这个模块后，记得要重新启动 Apache 服务器。

如果你想调整缓存设置，请参考官方文档：http://httpd.apache.org/docs/2.2/caching.html，可了解更多关于在 Apache 服务器上启动和使用 mod_file_cache 和 mod_cache 的知识。

PageSpeed

另一个你可能会考虑使用的服务器模块是 Google 的 PageSpeed 模块（https://developers.google.com/speed/pagespeed/module）。该模块的特性如下：

- 根据配置将合并、压缩多个 JavaScript 文件请求到同一个文件中
- 合并多个 CSS 文件为一个压缩文件
- 将多个小脚本或其他网站资源替换为一个内联资源
- 为图像处理提供可删除的元数据、特定的图像大小和编码格式
- 删除空格

这些特性是至关重要的，能确保你的网站以最快的方式给最终用户提供内容。看起来似乎难以置信，甚至在它返回请求页面前需要做非常多的预处理，但是它确实能使得页面更快返回。这是因为以下几点原因：

- 1 到 10 个 HTTP 请求总是比 50 到 200 个快。
- 压缩优化后的图像小于未压缩的图像。
- 推迟"阻塞"资源，使得用户能尽快地看到与之交互的页面。
- 优化资源分发，用户能先使用页面的上面一部分，然后在后台加载页面的其余部分。

通过提供方如 Dreamhost、GoDaddy、edgecast 或者通过 PageSpeed 服务（https://developers.google.com/speed/pagespeed/service），可以通过 Apache 和 Nginx 使用 PageSpeed。

在 Apache 上使用 PageSpeed

在 Apache 服务器上安装和使用 PageSpeed 与在 Apache 上设置 SPDY 非常相似。如果你使用 Debian 或 Ubuntu，需要下载 .deb 文件，并在终端运行以下命令：

```
sudo dpkg -i mod-pagespeed-*.deb
sudo apt-get -f install
```

安装完成后，需要重新启动 Apache 服务器。安装后，Apache 启动 PageSpeed，但你需要做一些小调整以完全启动并运行 PageSpeed。要获取更多故障排除建议请访问 https://developers.google.com/speed/pagespeed/module/configuration。

在 Nginx 上使用 PageSpeed

不幸的是，Nginx 上没有 PageSpeed 模块或 PageSpeed 预配置插件。这意味着你需要构建 PageSpeed。打开终端并运行以下命令：

```
sudo apt-get install build-essential zlib1g-dev libpcre3 libpcre3-dev
```

这个安装需要工具来构建 Nginx。接下来，需要通过终端运行以下命令下载 ngx_pagespeed：

```
cd ~
wget https://github.com/pagespeed/ngx_pagespeed/archive/
➥ release-1.7.30.4-beta.zip
unzip release-1.7.30.4-beta.zip
cd ngx_pagespeed-release-1.7.30.4-beta/
wget https://dl.google.com/dl/page-speed/psol/1.7.30.4.tar.gz
tar -xzvf 1.7.30.4.tar.gz # expands to psol/
```

注意，以上命令使用的是 1.7.30.4-beta 版本。虽然这是当前版本，但是你仍需确认是否是最新版本，以确保你下载正确的版本。接下来，需要真正执行 Nginx 的构建命令：

```
cd ~
# check http://nginx.org/en/download.html for the latest version
wget http://nginx.org/download/nginx-1.4.4.tar.gz
tar -xvzf nginx-1.4.4.tar.gz
```

```
cd nginx-1.4.4/
./configure --add-module=$HOME/ngx_pagespeed-release-1.7.30.4-beta
make
sudo make install
```

　　当完成构建时，Nginx 应该能够使用 PageSpeed。与 Apache 不同的是，Nginx 默认不开启 PageSpeed。需要编辑配置文件，添加以下代码块进行开启：

```
pagespeed on;

# Needs to exist and be writable by nginx.
pagespeed FileCachePath /var/ngx_pagespeed_cache;

location ~ "^/pagespeed_static/" { }
location ~ "^/ngx_pagespeed_beacon$" { }
location /ngx_pagespeed_statistics { allow 127.0.0.1; deny all; }
location /ngx_pagespeed_global_statistics { allow 127.0.0.1; deny
all; }
location /ngx_pagespeed_message { allow 127.0.0.1; deny all; }
location /pagespeed_console { allow 127.0.0.1; deny all; }
location /pagespeed_admin { allow 127.0.0.1; deny all; }

# Ensure requests for pagespeed optimized resources go to the pagespeed
➥ handler
# and no extraneous headers get set.
location ~ "\.pagespeed\.([a-z]\.)?[a-z]{2}\.[^.]{10}\.[^.]+" {
  add_header "" "";
}
```

　　修改了配置后，记得要重启服务器。如需获取更多的服务器配置，请访问 https://developers.google.com/speed/pagespeed/module/con.guration。

PageSpeed 服务

　　如果你没有使用 CentOS、Fedora、Debian 或 Ubuntu，仍然希望 PageSpeed 提供更强大功能和灵活性，你可以注册 PageSpeed 服务。这是目前谷歌提供的免费服务，不通过服务器配置和管理就可以利用 PageSpeed 所有的功能。

　　在你注册之前，请记住，如果你已经深度优化了自己的代码（删除空格，使用 gzip/deflate 压缩，支持 WebP 图像检测代替 JPEG 图像，并合并、压缩 CSS 和

JavaScript），且已经使用了一个缓存系统，PageSpeed 可能不会带给你想要的性能提升。

通过在网站 www.webpagetest.org 输入 URL，可以测试你的服务器速度有多快。运行测试之后将看到一个报告，对比了网站默认加载速度与使用 PageSpeed 服务优化图片、文件和资源后的情况。

谷歌免费提供该服务，但在未来可能会决定收费。还要注意的是，如果需要支持 SSL，你将需要通过谷歌应用账号缴费。

小结

在本章中，你了解了几种目前流行的 Web 开发服务器。你还了解到，可以使用一些插件或模块以快速优化的方式传递内容给用户。

重要的服务器设置是缓存，本章展示了如何完成 Apache 缓存模块的配置。

然后探讨了 SPDY 如何与 HTTP 模块结合以优化内容分发。你还了解了如何添加 SPDY 到现有的 Apache 服务器，在大多数新 Nginx 安装包中都包含 SPDY 模块。

最后，了解了 PageSpeed，它既是一个服务器，也是一个服务。你看到它提供的好处，以及如何在系统中进行配置。

第 16 章

高性能与开发工具

　　创造完美的移动体验并不以设计开始、以设计结束。它更多地需要使用优化后的服务器来对外提供轮廓鲜明、内容丰富的设计。还需要执行应用程序评审，以确保网站性能最佳。根据服务器基础设施的情况，可能还需要考虑使用构建工具来对网站资源进行拼接、最小化和压缩。在本章中，你将了解这些工具及其使用方法。

开发工具

有各种各样的工具可供 Web 开发人员使用。其中一些工具提供打包购买或订阅服务，一些工具内置在你所使用的设备和浏览器中。

本章将展示绑定在 Google Chrome、Mozilla Firefox、Internet Explorer 浏览器中的开发工具。

另外还将展示一些工具，可以作为开发过程的一部分，便于在不那么完美的服务器上创建优化后的资源，将有助于内容和资源分发。

浏览器开发者工具

在过去的几年里，浏览器开发工具稳步改善。开发自定义调试 JavaScript 应用程序内部代码的应用程序的日子一去不复返了。现在我们有许多工具可以用来监控每秒页面渲染的帧，监控下载每一个资源所耗费的时间，甚至监控实时断点调试 JavaScript 所需的时间。

大多数现代浏览器包含开发工具或者可以下载开发工具。一些浏览器甚至给出了它们的开发者工具的昵称，例如 Opera Dragonfly。在本书中，介绍的开发者工具包括 Chrome、Firefox 和 Internet Explorer 的开发者工具。

Chrome 开发者工具

Chrome 附带一套内置的开发者工具，名为 DevTools。在 Windows 操作系统中，按 Ctrl + Shift + I 组合键即可访问这个令人难以置信的特色工具集，而在 OS X 系统中，可以通过 Command + Option + I 组合键进行访问。

你也可以通过选项菜单访问这些工具，或通过右键单击一个对象并选择"审查元素"项。图 16.1 展示了在 Chrome 浏览器中 DevTools 窗口打开后就可以使用了的情景。

DevTools 窗口初看起来可能非常复杂，所以花一分钟来熟悉它。在窗口的顶

部是可以被激活 (单击或触屏) 的部分功能。表 16.1 列出了这些功能，总结了每
部分功能的作用。

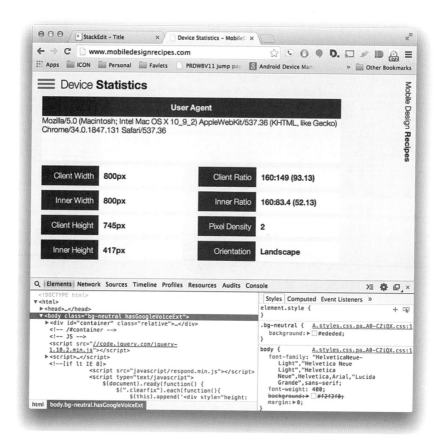

图 16.1　乍一看，浏览器的 DevTools 窗口是一些混乱的窗口和代码

表 16.1　DevTools 简介

工具	描述
Elements	屏幕的左边显示了渲染的 DOM，可以通过双击操作数据，设置当前值。右边显示了设置、继承和计算出的样式。也可以直接在控制面板中为元素添加自定义样式
Network	每个从浏览器到服务器发送的请求都可以从这里看到，包括该请求所使用的协议信息、请求状态代码、MIME 类型、时间和请求的资源
Sources	这部分是用来查看浏览器下载的文件的，也可以在渲染过程中在代码中设置断点进行调试

续表

工具	描述
Timeline	这部分可以查看一个页面是如何被渲染的，可查看渲染时间、查看 JavaScript 渲染，甚至追踪它们是如何重叠渲染的
Profiles	在这里可以观察 JavaScript CPU 的使用率和 JavaScript 的内存分配
Resources	在这里可以查看部分通常浏览器对用户隐藏的内容，例如会话存储和本地存储。加载的文件也是可见的
Audits	在你的网站上运行 audit 如同使用 PageSpeed Insights。运行 audit 能提供如何提高网站加载速度，哪些文件需要改善，甚至所查看的页面使用了多少 CSS 代码等信息
Console	控制台显示通过 console.log() 函数执行的警告和错误消息。找出 JavaScript 破绽，甚至在命令行运行 JavaScript 代码，控制台是你最想要使用的

使用移动设备访问移动站点时，你将需要访问 DevTools 的其他功能。通过键盘上的 Esc 键或单击 DevTools 窗口右上角的图标，可以启动一个特殊的控制台，其中包含一些额外的选项。图 16.2 显示了单击的那个按钮，以及激活出的控制台。

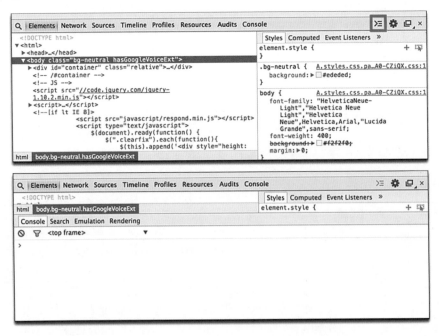

图 16.2 通过激活控制台 (上)，可获得一些非常有用的特性 (底部)

在这个控制台选项中，可以访问控制台，也可以访问搜索、模拟和渲染等功能。这些功能提供了一个健壮的调试解决方案。

模拟部分特别有用，因为它可以改变 Chrome 的运作方式。当你激活模拟功能后，有一系列子选项让你模仿特定的设备、改变屏幕大小（包括模拟像素密度）、改变从浏览器发送的用户代理，并可以模仿某些设备的特性，例如地理位置坐标和加速度计。

我鼓励你去探索和熟悉所有这些设置，从设备部分开始，在列表中选择一个设备进行模拟。图 16.3 展示了 Chrome 34 可模拟的设备列表。

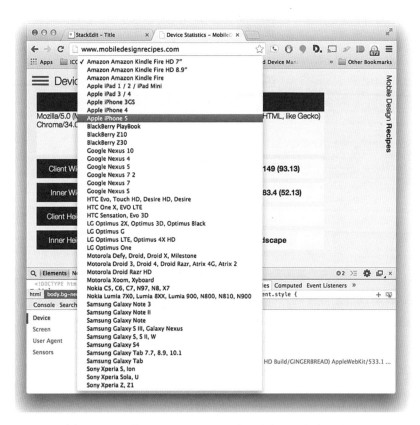

图 16.3 选择不同的设备时，Chrome 可以模拟许多设置发生的变化

在选择一个设备进行模拟时，只需单击"模拟"按钮即可开始模拟设备。作

为一项预防措施，建议刷新页面。页面刷新时，你将会看到页面以模拟设备的方式进行渲染。图 16.4 显示了页面在 Chrome 中模拟 iPhone 5 的渲染效果。

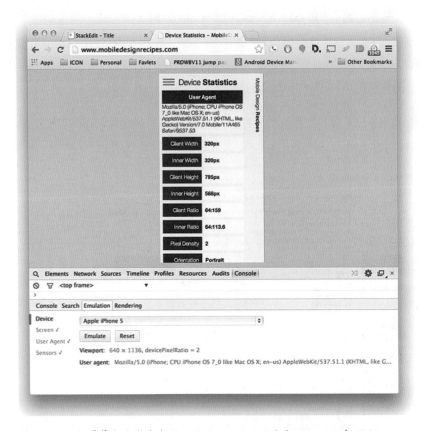

图 16.4　不仅屏幕大小发生变化，而且 user-agent 也与 iPhone 5 相匹配

模拟移动设备是方便的，可以"虚拟"地在你没有的各种设备上进行测试。注意，Chrome 模拟器不会模拟设备的处理器和视频等功能，它只是一个模拟可视区域、用户代理、像素密度，使其成为一个在创建响应式网站时可使用的非常强大的工具。

最后介绍 DevTools 的一个非常奇妙的特性，其可在真实硬件环境中查看调试网站。

小贴士

　　使用 Chrome 和 Android 进行远程调试时，你的电脑和 Android 设备必须运行在 Chrome 32+ 上。Android 设备必须启用了调试模式。此外，需要下载 Android 设备的 USB 驱动程序，确保使用制造商网站上的正确的驱动程序。访问 https://developer.chrome.com/devtools/docs/remote-debugging 可查看设置远程调试的完整说明。

　　首先，将 Android 设备设置为调试模式，并使用 USB 电缆连接到电脑上。在你的电脑上，在 Chrome 中单击菜单按钮，然后选择工具 -> 检查设备。将出现一个新的选项卡，允许你选择"发现 USB 设备"复选框。

　　选择复选框后，将提示你在 Android 设备上接受 RSA 指纹允许电脑连接。因为已经创建了这个连接，你可以在设备上单击"OK"按钮完成连接。

　　当连接完成后，在电脑上的 Chrome 浏览器中会列出设备和可用于检查的选项卡。单击检查链接将在一个新的窗口打开 DevTools。

　　这个窗口连接你的设备，并允许你做所有可以在电脑的浏览器上所做的事情。这包括检查 DOM、检查网络连接和时间表 (这是在测试移动数据连接时非常有用的)、创建配置文件和运行审计等。

　　你甚至可以在电脑上启动移动设备的屏播功能。这是一个双向连接，使你能够在电脑上控制移动设备，也可以将在移动设备上所做的操作同步到电脑上。图 16.5 显示了在 DevTools 上启动屏播功能。

　　仔细观察图 16.5，可能你已经注意到，设备屏幕的顶部似乎是透明的，或看起来像一个棋盘。这是因为"Chrome 浏览器"出现在了移动设备上。Chrome 浏览器就是地址栏、选项卡控件、菜单按钮。当用户向下滚动屏幕时，这个区域对用户是隐藏的，而当向上滚动屏幕时则显示出来。因为在页面的顶部时是可见的——它解释了为什么在屏幕上出现"空白"。

　　从这里开始，你可以检查、更改内容、测试、编辑和改变样式（字体以及它们将如何呈现在一个移动设备是特别重要的），同时也可以使用其他功能。

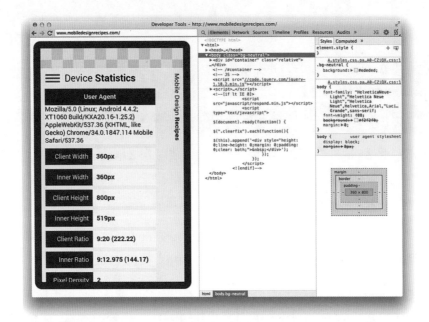

图 16.5　设备屏幕扩展到 DevTools 上，让你近距离看到页面是如何呈现的

以上仅介绍了 DevTools 表面上能够使用的功能。如需获取更多信息，请访问官方网站：https://developers.google.com/chrome−developer−tools/。

Firefox

Firefox 浏览器在过去几年里取得了很大进步，不仅在整个 Firefox 浏览器功能上，其开发者工具也为开发人员在创建更好的网站时提供了帮助。

使用 Firebug

作为开发者使用 Firefox 时，带来最大变化的第一个工具是 Firebug 插件（https://www.getfirebug.com/）。Firebug 插件可以检查 DOM，并在网站上执行数据分析。

如今，Firebug 仍然在不断强大，可以下载并安装至 Firefox 浏览器中。安装完成后，你可以找到它的小图标或者在键盘上按 F12 键开启它。

　　Firebug 窗口看起来与 Chrome DevTools 非常相似。功能顺序有一些变化，在子菜单上有一些不同的选项。图 16.6 显示了在 Firefox 中打开的 Firebug 窗口。

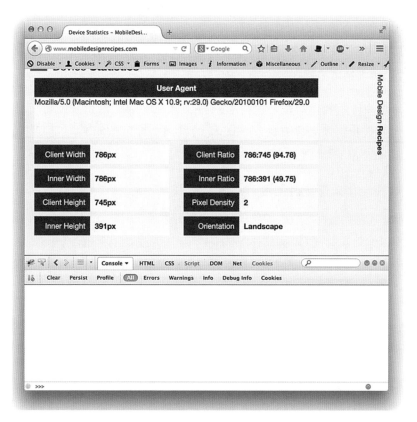

图 16.6　熟悉又陌生，Firebug 窗口已经就绪

　　与 DevTools 类似，通过 Firebug 也可以查看 DOM，检查 CSS 结构和 JavaScript 代码，也可以查看下载资源所需的时间，查看资源完成时（或是加载失败）的代码执行状态。

你可能想知道为什么需要在另一个工具上使用 Chrome 的 DevTools 已经提供的功能。最简单的解释也是最简洁的。

不同的浏览器是不同的。

你可以使用你喜欢的比喻，这里我拿雪花打比方。所有的雪花都由冷冻水组成，但是没有完全相同的两片雪花。这个比喻很适用于浏览器。不同的浏览器使用不同的渲染引擎，将 HTML、CSS 和 JavaScript 发送给渲染引擎，进而渲染成你看到的页面。这也是为什么一些浏览器比其他浏览器运行得更快、为什么一些浏览器比其他浏览器需要占用更多内存的原因。你在 Chrome 上看到一个报错可能会使你发狂，但你使用 Firefox 查看也看到一个类似的或是有轻微差别的报错，你可能会不知道如何解决它。

Firebug 插件是轻量级的，因为 Mozilla 团队在 Firefox 内置开发者工具上取得了巨大的进步。如果你有关于 Firebug 的疑问，可以访问 FAQ 网页（https://getfirebug.com/faq/）了解更多信息。

使用 Firefox 开发者工具

Firefox 现在拥有一些令人印象深刻的内置开发者工具。它们与 Firefox 捆绑在一起，所以你只需要按 Command+Option+I（OS X）或 Ctrl+Shift+I（Windows）组合键打开开发者工具窗口即可。还可以通过菜单单击菜单图标访问它们，然后单击开发者工具，最后单击切换工具来打开或关闭开发工具者窗口。

你可能想知道设置 Firefox 开发者工具的 Firebug 和 Chrome DevTools 之间的区别。简而言之，主要区别如下：

- 响应式设计模式
- JavaScript 面板
- 3D 视图

响应式设计模式是一个可帮助你迅速调整浏览器尺寸以适应各种设备的简单的解决方案。启用这个模式的热键是 Command+Option+M（OS X）或 Ctrl+Shift+M（Windows）。图 16.7 显示了启用 320×480px 的屏幕模式。

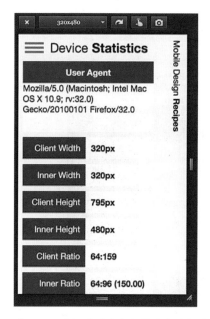

图 16.7　该视图并非完全精确地模拟移动设备屏幕，但它确实让你模拟了设备的分辨率

在这个视图中，你可以通过使用顶部的控制按钮进行截图、模拟触屏事件、改变模拟窗口大小。还可以添加你想要的预设屏幕尺寸，只需使用下拉菜单，然后单击添加预设。添加了一个预设后，可以删除它，需首先选择预设，然后使用下拉菜单选择删除预置。

Scratchpad 是一个方便的小窗口，可以用来保持与 JavaScript 文件在系统上进行交互的笔记和代码片段。你可以打开和保存 JavaScript 文件，甚至可以使用内置的优化排版来改善代码。

从面板输入代码然后单击Run按钮可直接运行。你可以试一试alert()函数，看看它的工作原理：

```
alert("This was generated from the Scratchpad!");
```

Firefox 开发者工具典型的功能是 3D 视图。最初这是一个有趣的实验，但它发展为 Firefox 开发者工具的主要功能（尤其是在处理多层和 off-canvas 导航时）。

当单击开发者工具栏上的 3D 开关按钮时，你的窗口进行了缩放；然后可以单击并拖动屏幕查看站点的 3D 渲染效果。图 16.8 显示了 3D 渲染的网站。

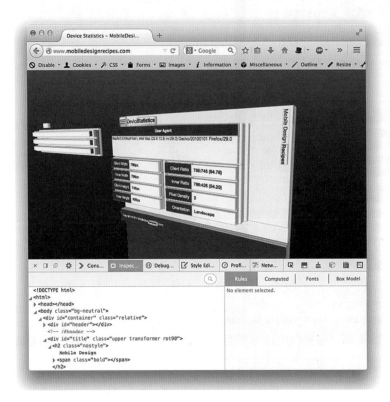

图 16.8　注意，off-canvas 3D 元素是可见的。这可以帮助你找到缺失的元素和加载时不可见的元素

这绝对不仅仅是一个内置的功能。这种模式可以找到特定元素，查看它们的分层，并确定元素的类型。

如图 16.8 所示，页面的 off-canvas 元素清晰可见，让你能看到元素呈现在页面上时可能会使用的一些宝贵的设备内存。

> **小贴士**
>
> 　　使用资源例如图像 "加载器" 似乎是一个好主意，但即使加载 off-canvas，仍要在加载完成时呈现和运行。根据文件大小或 CPU 使用强度，你可能想要跳过这些资源的预加载，而仅在需要调用它们时才激活它们。

如需了解更多关于 Firefox 开发者工具的内容，包括如何安装 Firefox 浏览器操作系统模拟器，可以访问 https://developer.mozilla.org/en-US/docs/Tools。

Internet Explorer

随着 Internet Explorer（IE）8 的发布，微软捆绑了一组基本的工具，开发人员可以使用 DOM 做一些检查、记录日志和调试 JavaScript 和 JScript。

与其他开发者工具一样，它们具有类似的熟悉的布局，附件或与浏览器窗口脱离，你可以单击按钮在功能和子菜单之间进行切换。

最初的产品甚至可使你切换 IE 6、7 和 8 的渲染模式。这是非常有用的，因为你可以查看你在 IE 8 上设计的作品呈现在 IE 6 上是什么效果。

快速发展到现在，工具集变得更好了。在 Windows 8 中补充了与现代设计相匹配的主题和新的选项，更有助于调试和开发。图 16.9 显示了在原始 IE 8 和在 IE 11 上改进的开发者工具。

使用新开发者工具，你可以做的所有事情都可以在 IE 8 等以前版本上使用。以下这些功能可在最新版本的 IE 开发者工具中使用。

- **DOM 观察器**：DOM 观察器允许你查看渲染的 DOM，并向下获取到所有文档上的元素。你也可以切换样式的开启和关闭，也可以在页面重新加载时添加自己的内联样式。这意味着你可以操纵和尝试不同的样式，然后将其应用到实际的样式表。
- **控制台**：在控制台选项卡中可以查看错误、警告、日志信息。可以通过切换不同的信息开启和关闭过滤结果集信息，也可以从控制台窗口运行 JavaScript。
- **调试器**：使用调试器可以调试任何你使用的 JScript 或 JavaScript 文件。你可以打开网站加载的任何文件添加断点，然后一步一步调试以找到任何异常、数据丢失或检查值。

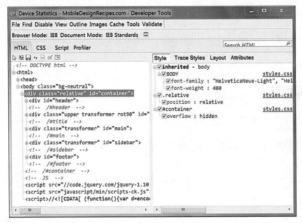

图 16.9　比较原始的(上图)和当前的开发者工具(下图),可以看到主题、功能位置,
　　　　　甚至可用选项已经发生了改变

- **网络**:在网络选项卡中,可以记录下载的资源及其所花费的下载时间和
  每个资源被请求时的状态。与其他开发者工具不同,该工具只能记录网
  络流量。作为回馈,你可以清除缓存和禁用 cookie 来模拟新用户加载页
  面时将会是什么样子。

- **UI 响应性**:通过用户界面的响应工具能够查看页面下载、滚动等其他操
  作时的处理细节。图 16.10 展示了一个简单的幻灯片导航的配置文件样例。
  通过了解网站的呈现、如何使用 CPU 和每秒的运行帧数(FPS),能够
  在很大程度上确保网站作品尽可能高效和美丽。

- **分析器**:分析器跟踪在页面上调用和激活的函数。这可以帮助追踪过度
  的 DOM 操作、数学计算和其他多余操作。

图 16.10　注意，视觉吞吐量（FPS）将展示当滑动菜单进行切换时帧率的下降

■ **内存**：内存工具用于分析内存的使用情况。当用户报告网站崩溃时，又无法精确定位在哪里、什么原因发生的崩溃时，这可以节省大量调试时间。通过分析内存的使用过程，可以看到在哪一个点上内存发生了飙升，在哪儿浏览器被要求做更多的工作。你也可以对内存堆快照进行比较。堆快照包含内存中的对象数量，这可以帮助你确定在客户端是否做了过多的工作。

■ **仿真**：仿真允许你更改"文件模式"，是渲染一个 Web 页面的一组规则。请注意，总是加载最新的渲染集规则。还可以更改桌面和 Windows Phone 之间的渲染，以及改变提交给服务器的用户代理信息。提交内容、高分辨率、地理位置值也可以在这里设置，可确定基于信息的页面会如何发生变化。

> **小贴士**
>
> IE 11 的渲染引擎与 IE 8 的渲染引擎是大不相同的。这意味着，即使使用 IE 11 开发者工具"模拟"IE 8 的渲染引擎，你也不会看到 IE 8 用户看到的内容。

因为 Web 开发的本质，如果你仍然需要适配以前版本的 IE，我强烈建议你访问 http://modern.ie/ 并下载一个虚拟机，而不是使用开发者工具模拟浏览器引擎。这些虚拟机可以免费使用 30 天，需要开发时可以重新安装。

构建工具

你已经看到了一些浏览器的开发者工具，可以用于调试应用程序。但是你还可以使用其他工具作为开发过程的一部分。使用构建工具可以帮助你更快地构建原型、创建优化的网站，并在必要时，作为你的网站的最新插件。

Grunt

Grunt（http://gruntjs.com/）是一个任务运行器，它能够使用脚本或自动化手动任务完成必须要做的事情。另外，Grunt 还可作为 Web 开发的计划任务。

> **小贴士**
>
> 　　计划任务（cron）是 UNIX 系统的作业调度器。这些系统使用计划任务表来安排需要在系统执行的不同任务。这些任务可以是简单地在一个临时目录中删除文件，或是作为脚本的复杂任务，如移动、重命名、排序，甚至从某处上传文件到另一处。

Grunt 是一个极其强大的工具，有众多的插件可以使用。插件可以压缩或格式化代码、压缩图像、合并资源文件、编译 Sass 和 LESS 为 CSS 文件，甚至重新加载浏览器。

开始使用 Grunt 是相当容易的。首先，需要确保你已经安装了 NodeJS（http://nodejs.org/）。NodeJS 启动并运行后，可以使用 npm 安装 Grunt。下面显示了如何全局安装 Grunt 命令：

```
npm install -g grunt-cli
```

小贴士

　　全局安装 NodeJS 应用程序，意味着你可以从命令行执行脚本。如果没有全局安装应用程序或工具，应用程序只能在安装的文件夹或者项目中运行。请记住，并不是每个包或应用程序都应该全局安装，当且仅当大部分时间你需要在多个项目中使用时才建议全局安装。

在安装 Grunt 之后，可以创建一个名为 `package.json` 的文件和一个名为 `Gruntfile.js` 的文件。NodeJS 用户应该很熟悉 `package.json`，这个文件存储 Grunt 信息，包括将使用的插件和模块。下面是一个 `package.json` 文件示例：

```
{
  "name": "imagecomp",
  "version": "0.1.0",
  "devDependencies": {
    "grunt": "~0.4.1",
    "grunt-contrib-imagemin": "~0.4.0"
  }
}
```

`Gruntfile.js` 是用来配置想让 Grunt 执行的任务的。下面是一个粗略的使用 Grunt 的配置框架：

```
module.exports = function(grunt) {
  grunt.initConfig({
    pkg: grunt.file.readJSON('package.json'),
    // plugin specifics go here
    plugin: {
      // config for plugin goes here
    }
  });
  grunt.loadNpmTasks('grunt-contrib-plugin');
  grunt. registerTask('default', ['plugin']);
};
```

在前面的代码中可以看到，在多个地方使用了 plugin 术语，这表示你可能会使用各种插件。例如，如果正在使用 imagemin 插件，可以用 imagemin 替换前面代码中的插件。不过，确保你已阅读正试图使用插件的文档。例如，

imagemin 插件需要进一步配置才能正确执行。

配置文件之后，在你的 package.json 文件中列出依赖，通过在终端输入 grunt 可以执行 Grunt 的设置。

如需查看插件的完整列表，请访问 http://gruntjs.com/plugins。访问 http://gruntjs.com/getting-started 可获取更全面的入门指南。

Gulp

你可能会考虑使用的另一个任务管理器是 Gulp（http://gulpjs.com/），它类似于 Grunt：你可以使用各种插件、配置任务，并从命令行运行。Gulp 也需要在你的机器上安装 NodeJS 才能使用。

安装 Gulp 与安装 Grunt 几乎是一样的。在终端窗口中输入以下命令：

```
npm install -g gulp
```

还应该运行以下命令保存 Gulp 到你的项目的依赖中：

```
npm install --save-dev gulp
```

与 Grunt 不同的是，Gulp 不需要 package.json 文件。相反，你只需要创建一个名为 gulpfile.js 的文件。

下面是用于压缩图片的 gulpfile.js 配置：

```
var gulp = require('gulp');
var gutil = require('gulp-util');
var imagemin = require('gulp-imagemin');

gulp.task('default', function(){
  gulp.src('images/**/*')
    .pipe(imagemin({ progressive: true, interlaced: true }))
    .pipe(gulp.dest('imagescomp'));
});
```

Gulp 处理任务时将任务顺序安排在一起，因此在前面的示例中，你可以看到定义的 3 个变量：gulp、gutil 和 imagemin。这些使用的是链状或流的方式。首先，gulp 运行 task() 函数，设置图像路径，并通过 pipe() 方法传递给 imagemin 变量。设置了一些选项后回传给 gulp，使得 gulp 能够设置 imagemin 处理完成后的文件的存储路径。

这种处理数据的类型提供了一种快速设置方法，而不需要管理多个文件。对于一些人来说，这比构建配置然后注册和调用任务更容易理解。

如果你有兴趣使用 Gulp，但已经有了一个喜欢的 Grunt 插件，你可能会很高兴知道更多插件已经被移植到 Gulp。如需了解更多 Gulp 可以使用的插件列表，请访问 http://gulpjs.com/plugins/。

小结

在本章中，你了解了开发者工具，通过使用这些开发者工具可以帮助简化调试和创建网站。

你了解了 Chrome、Firefox 和 Internet Explorer 浏览器内置的开发者工具。这些工具有一些相似之处，但也有各自独特的优势。你甚至知道可以使用虚拟机，Linux 和 OS X 开发人员可以在 IE 中测试他们的作品。

然后探讨了 Grunt 和 Gulp 构建工具，它们可用于在开发阶段设置和运行项目。你查看了一些示例配置文件，看到这些文件包含的高级视图。最后，如需了解更多并开始使用它们可访问一些相关网站。